U0326243

水体污染控制与治理科技重大专项"十三五"成果系列丛书

重点行业全过程水污染控制技术系统与应用项目

有色金属冶炼行业水污染全过程控制技术系统集成与综合应用示范课题

主题编号：2017ZX07402004-3

# 有色金属冶炼行业水污染
# 全过程控制技术发展蓝皮书

王庆伟　邵立南　阮久莉　著

北　京

冶金工业出版社

2021

# 内 容 提 要

本书以有色金属冶炼行业水污染全过程控制为主线,科学解析了铜、铅、锌冶炼行业废水重金属污染特征,系统介绍了水污染全过程控制技术及其技术水平、设备水平、经济效益水平,精选水污染控制优秀新技术及工程实证,覆盖有色金属冶炼行业清洁生产和水污染治理重大共性关键技术。

全书共4章,分别为有色金属冶炼行业水污染特征与控制技术需求、有色金属冶炼行业水污染全过程控制技术发展历程与现状、有色金属冶炼行业重大水专项形成的关键成套技术及其示范、有色金属冶炼行业水污染全过程控制技术展望。

本书可供有色金属行业相关研究人员、工程技术人员和管理人员阅读和参考。

**图书在版编目(CIP)数据**

有色金属冶炼行业水污染全过程控制技术发展蓝皮书 / 王庆伟,邵立南,阮久莉著. —北京:冶金工业出版社, 2021.3

ISBN 978-7-5024-8740-9

Ⅰ.①有… Ⅱ.①王… ②邵… ③阮… Ⅲ.①有色金属冶金—工业废水—污染控制—研究报告—中国 Ⅳ.①X703

中国版本图书馆 CIP 数据核字(2021)第 031791 号

出 版 人 苏长永
地 址 北京市东城区嵩祝院北巷 39 号 邮编 100009 电话 (010)64027926
网 址 www.cnmip.com.cn 电子信箱 yjcbs@cnmip.com.cn
责任编辑 杨盈园 王 双 美术编辑 郑小利 版式设计 禹 蕊
责任校对 王永欣 责任印制 李玉山
ISBN 978-7-5024-8740-9

冶金工业出版社出版发行;各地新华书店经销;北京中恒海德彩色印刷有限公司印刷
2021 年 3 月第 1 版,2021 年 3 月第 1 次印刷
787mm×1092mm;7.25 印张;172 千字;107 页
56.00 元

冶金工业出版社 投稿电话 (010)64027932 投稿信箱 tougao@cnmip.com.cn
冶金工业出版社营销中心 电话 (010)64044283 传真 (010)64027893
冶金工业出版社天猫旗舰店 yjgycbs.tmall.com
(本书如有印装质量问题,本社营销中心负责退换)

# 前　言

　　有色金属工业是我国重要的基础工业，随着我国经济的迅猛发展，各行业对有色金属的需求量逐步增加，促使以铜、铝、铅、锌为代表的有色金属工业产量也逐年增加，冶炼产业得到高速发展。有色金属行业是高耗水行业，其排放的废水是我国水体最主要的重金属污染源，全国废水中铅、镉、汞、砷、铬产生量约70%源于有色金属行业。随着有色金属行业污染防治和生态环境保护的要求提高，新的环保技术开发、改造和推广力度将不断加大。行业水污染控制技术的发展从单向治理发展到综合治理、循环利用，水循环利用率不断提高、废水中有价金属回收成效显著。未来，随着高品位矿石逐渐减少，多金属、多杂质复杂型难处理精矿会日益增多，相应产生的废水处理难度也不断增加，对环保技术水平提出更高要求。解决好铜、铅、锌重金属冶炼废水的治理问题，将对其他有色金属冶炼行业起到良好的借鉴作用。

　　本书结合铜、铅、锌冶炼行业在水体污染控制与治理国家科技重大专项"十一五"至"十三五"期间突破的关键技术和创新成果，重点阐述了铜、铅、锌冶炼行业水污染特征与控制现时需求、发展历程与现状、行业重大水专项关键成套技术及其工程实施案例，聚焦行业水污染控制技术发展的难点与关键点，对行业水污染控制技术发展的趋势和方向提出展望，并归纳了行业水污染控制技术发展策略和路线图。

　　本书基于有色金属冶炼（铜、铅、锌）行业污染源解析与技术评估成果，根据解析重金属污染特征和科学技术评估，集成了水专项突破的部分重大、关键成套技术，包括有色金属行业最主要的污染源——污酸的资源化治理技术的突破及应用，叙述优秀污染防治技术及工程示范，以此形成可以大规模推广应用的链接集成优化技术。

　　本书第1章由邵立南、沈燕青、桂俊峰编写；第2章由王庆伟、邵立南、赵次娴编写；第3章由阮久莉、但智钢、周文芳、陶柏润、胡明编写；第4章由王庆伟、李青竹、邵立南、阮久莉编写；全书由沈燕青统稿，王庆伟修改审定。

　　本书的组织编写和出版得到了国家水体污染控制与治理科技重大专项"重点行业水污染全过程控制技术集成与工程实证"课题（项目号：2017ZX07402004-3）的资助。感谢中南大学冶金与环境学院环境研究所的柴立元院士、闵小波教授、刘恢教授、王云燕教授、杨志辉教授、王海鹰教授、李青竹教授、唐崇俭教授、杨卫春教授、廖琪副教授、颜旭副教授、石岩副教授、梁彦杰副教授、肖睿洋副教授、史美清博士等的大力支持。另外，还要感谢中国环境科学研究院的段宁院士、降林华研究员、徐夫元研究员、周超老师、李建辉老师，矿冶科技集团有限公司的杨晓松教授，中国科学院过程工程研究所曹宏斌教授、郭少华老师对本书编著过程中的帮助与指导。书中所引用文献资料统一在书后列出，但部分做了取舍、补充与变动，对于没有说明出处的，敬请作者或原资料引用者谅解，在此表示衷心的感谢。

　　由于作者水平所限，书中不足之处，敬请读者批评指正。

王庆伟

2020 年 8 月

# 目　　录

# 1  有色金属冶炼行业水污染特征与控制技术需求

## 1.1  我国有色金属冶炼工业发展概况

有色金属冶炼工业是我国重要的基础工业之一，与我国国民经济发展各行业关联密切，产品和副产品多样化、增值性强，是现代高新技术产业发展的关键支撑材料，也是极其重要的战略性资源。随着我国经济的迅猛发展，各行业有色金属生产和消费水平不断提高，对有色金属的需求量逐步增加，促使以铜铝铅锌为代表的有色金属工业产量逐年增加。我国 2019 年有色金属总产量 5842 万吨，其中电解铝 3504 万吨、铜 978 万吨、铅 580 万吨、锌 624 万吨，有色金属总产量连续 17 年居世界第一位。据统计，2016 年有色金属冶炼企业共计 1156 家，2017 年发证 733 家（铜 218 家、铅锌 365 家、电解铝 150 家），主要分布在湖南、广东、河南、山东、云南、陕西、山西、宁夏、贵州、内蒙古等省（区）。

### 1.1.1  铜冶炼工业概况

全球铜资源比较丰富，据统计，世界陆地铜资源量约 30 亿吨，深海结核中铜资源估计为 7 亿吨。在地理分布上，约 50%~60% 的铜资源集中在美洲的智利、秘鲁、美国等国家，澳大利亚、中国、墨西哥、赞比亚、俄罗斯等国也拥有较为丰富的铜储量。

2018 年全球精炼铜产能 2771 万吨，中国是全球精炼铜产量最大的国家，2019 年我国精炼铜产量为 978.4 万吨/年[1]，精炼铜产量大约占全球总产量的 35% 左右。近 30 多年来，随着国家对环保和节能减排的调控力度加大[2]，我国铜工业规模和技术装备水平发展迅速，在铜冶炼方面，我国铜冶炼厂冶炼技术位居世界先进水平，通过引进、采用先进铜冶炼技术和装备，污染严重的鼓风炉、电炉、反射炉已逐步被淘汰，取而代之的是引进、消化并自主创新的闪速熔炼技术和诺兰达、艾萨、奥斯麦特等富氧熔池熔炼新技术。1985年，江西铜业公司贵溪冶炼厂率先全套引进奥托昆普闪速熔炼技术并建成投产，云南铜业股份公司（原云南冶炼厂）引进艾萨熔炼主体工艺，吸收消化再创新，其主要经济技术指标达到了世界先进水平；山西中条山侯马冶炼厂引进的奥斯麦特双炉操作系统，其吹炼为世界第一座工业化生产炉；金川公司自主创新的合成炉的投产、大冶公司引进的诺兰达法、铜陵有色金属公司的闪速炉和奥斯麦特法的主要指标超过或达到设计水平，2007 年新建成的阳谷祥光铜业有限公司采用的闪速熔炼及闪速吹炼工艺更是将铜冶炼技术推上一个新的台阶。我国铜冶炼行业生产集中度较高，矿产铜生产主要集中在江西铜业公司、铜陵有色公司、云南铜业公司、金川有色公司、湖北大冶有色、阳谷祥光铜业、山东方圆铜业、紫金铜业等 8 家大型企业。铜矿物原料的冶炼方法可分两大类：火法冶金与湿法冶金。

#### 1.1.1.1　火法冶炼工艺

当前，全球矿铜产量的 75%~80% 是以开采硫化形态存在的矿床并浮选得到的铜精矿为原料，火法炼铜是最主要的铜冶炼工艺，尤其适于处理硫化铜矿，具有能耗低、原料适应性强、能充分利用硫化矿中的硫以及反应热能、强化熔炼的优点。主要生产单元有备料、熔炼、吹炼、火法精炼、电解精炼、渣选矿、烟气制酸，最终产品为电解铜。

##### A　熔炼工序

富氧强化熔炼工艺是目前铜火法冶炼的主流技术，包括闪速熔炼工艺和熔池熔炼工艺[3-6]，其中熔池熔炼工艺又分为顶吹、底吹和侧吹工艺。

##### a　闪速熔炼工艺

闪速熔炼的生产过程是用富氧空气或热风，将干精矿喷入专门设计的闪速炉的反应塔，精矿粒子在空间悬浮的 1~3s 时间内，与高温氧化性气流迅速发生硫化矿物的氧化反应，并放出大量的热，完成熔炼反应，即造锍的过程。反应的产物落入闪速炉的沉淀池中进行沉降，使铜锍和渣得到进一步的分离。

该工艺技术具有生产能力大、能耗低、污染少等优点，单套系统最大矿铜产能可达 40万吨/年以上，适用于规模 20 万吨/年以上的工厂。但是要求原料进行深度干燥到含水低于 0.3%，精矿粒度小于 1mm，原料中杂质铅加锌不宜高于 6%。工艺的缺点是设备复杂、烟尘率较高，渣含铜比较高，需要进行贫化处理。

闪速熔炼工艺能源消耗与资源消耗水平较优，具体表现在：氧化反应快速，强化反应放热大大加快了熔炼速率，约为传统电炉熔炼和反射炉的 2 倍。富氧环境使炉料在自热条件下实现熔炼，可大幅度减少燃料使用。由于铜精矿中硫化物的氧化反应程度高，且采用高浓度的富氧空气熔炼，烟气量少，烟气中的 $SO_2$ 浓度可提高到 30% 以上，故有利于后续烟气制硫酸过程中硫的回收，硫的捕集率和回收率均可达到 98% 以上。

闪速熔炼工艺是现代火法炼铜的主要工艺之一，目前世界约 50% 的粗铜冶炼能力采用闪速熔炼工艺。中国目前采用闪速熔炼工艺的冶炼厂主要有贵溪冶炼厂、金隆公司、金川集团公司铜冶炼厂和山东阳谷祥光铜业公司。

闪速法铜冶炼工艺技术为《国家重点行业清洁生产技术导向目录》（第二批）中公布推广的清洁生产技术。

##### b　富氧熔池熔炼工艺

富氧熔池熔炼工艺通过喷枪把富氧空气强制鼓入熔池，使熔池产生强烈搅动状态，加快化学反应的速度，充分利用精矿中的硫、铁氧化放出的热量进行熔炼，同时产出高品位冰铜。熔炼过程中不足的热量由燃煤和燃油提供[7]。对比闪速炉反应塔的熔炼过程，熔池熔炼也是一个悬浮颗粒与周围介质的热与质的传递过程。所不同的是，悬浮粒子是处在一个强烈搅动的液-气两相介质中，受到液体流动、气体流动及两种流体间的相互作用以及动量交换的影响。由于熔池熔炼过程的传热与传质效果好，可大大强化冶金过程，达到提高设备生产率和降低冶炼过程能耗的目的，因此 20 世纪 70 年代后熔池熔炼得到了迅速发展[8]。

B　吹炼工序

a　PS转炉吹炼技术

1905年Peirce和Smith成功应用碱性耐火材料内衬卧式吹炼转炉，使PS转炉成功用于铜的吹炼，经过100多年的发展，已成为世界上主流、成熟的铜吹炼工艺。转炉在铜锍吹炼过程中，向转炉中连续吹入空气，当熔体中FeS氧化造渣被除去后，炉内仅剩$Cu_2S$（即白冰铜），$Cu_2S$继续吹炼氧化生成$Cu_2O$，$Cu_2O$再与未被氧化的$Cu_2S$发生交互反应获得金属铜。

该工艺成熟可靠、投资成本较低、设备简单易操作、不加燃料吹炼，鼓风氧含量可低至21%～27%，并且能够利用剩余热量处理工厂中的含铜中间物料、废杂铜，生产成本较低。

该工艺适用范围广，无论生产规模大小，铜锍品位高低均可应用该工艺；PS转炉吹炼工艺为分周期、间断作业；其缺点是炉体密封不足，漏风率约50%～70%，烟气$SO_2$浓度低，设备台数多，物料进出需要吊车装运，低空污染较严重。

b　闪速吹炼工艺

闪速吹炼工艺技术产生于20世纪80年代初，是在奥托昆普闪速熔炼直接生产粗铜的技术基础上发展而成，20世纪80年代中期在美国肯尼柯特应用成功。闪速吹炼工艺技术是将熔炼炉产出的高品位铜锍进行水淬、磨细、干燥，在闪速炉中用富氧空气进行吹炼得到粗铜，基本原理和工艺过程同闪速熔炼，但是加入的是高品位铜锍，吹炼过程连续作业。该工艺适用于年产20万吨粗铜以上大规模工厂。

闪速吹炼与闪速熔炼炉搭配使用则称为双闪工艺，由于该工艺为连续吹炼技术，取消一般吹炼工艺用吊车吊装铜包及渣包等操作，且设备密封性能好，无烟气泄漏，彻底解决了铜冶炼行业吹炼工序低空污染问题，大大降低了无组织排放造成的$SO_2$和含重金属烟尘污染。

目前国内有山东阳谷祥光铜业公司、铜陵公司、广西金川公司采用的双闪系统在进行生产。

c　浸没吹炼工艺

浸没吹炼炉由炉顶加料孔加入干铜锍、熔剂，或底部熔池面上流入铜锍，采用富氧空气或空气进行吹炼作业。吹炼炉喷枪垂直插入固定的炉身，即奥斯麦特炉。

热态或冷态铜锍加入炉内，用空气或含氧30%～40%的富氧空气经喷枪吹入熔体进行吹炼。

该工艺目前在中条山有色金属公司侯马、云锡公司冶炼厂应用。

C　火法精炼工序

a　反射炉精炼工艺

将待精炼的液态或固态矿粗铜或再生铜由加料设备加入1250～1360℃的反射炉，靠燃料燃烧将物料加温或熔化，物料完全熔化后开始进行氧化精炼，除去粗铜里的杂质，得到符合浇铸要求的阳极铜。

b 回转炉精炼工艺

回转炉氧化精炼及还原过程和反射炉一样。回转式精炼炉采用机械传动，单台能力可达600t以上，自动化水平高，不需要人工持管操作，整个过程在相对密封的设备内进行，很少有烟气外泄，环保条件好。

回转炉不适应处理大量的固体物料，所以不能用于专门处理固体废杂铜，一般用于处理热态熔融粗铜。

c 倾动炉精炼工艺

倾动炉是由瑞士麦尔兹炉窑公司开发成功的，结合了反射炉与回转炉的优点，可倾动、加料方便，也可根据精炼期间的氧化期、还原期的炉位要求，通过转动炉体改变炉位，多用于处理固体物料，如冷粗铜和废杂铜。倾动炉处理固体物料的过程原理与反射炉相同，仅是加料熔化时间长，炉体作业和回转炉相似。

由于该技术和装备为引进，目前国内在贵溪冶炼厂有应用，国产的同类设备正在开发中。

D 电解精炼工序

a 常规电解精炼工艺

常规电解精炼工艺采用铜薄片（厚度0.3~0.7mm）经加工安装吊耳后制成铜始极片作为阴极，电解过程中铜离子析出于始极片上成为阴极铜。一片始极片仅能使用一个铜电解阴极周期，所以电解车间还需要配备种板槽，专门生产制作始极片用的铜薄片。种板槽所用的阳极和电解槽用的阳极一样。采用的阴极板又称母板，材质有三种：不锈钢板、钛板或轧制铜板。当铜在阴极上沉积到合适的厚度后，将其从种板槽吊出剥下送去制作始极片，母板送回种板槽循环使用。

与不锈钢阴极电解精炼工艺相比，它工艺流程长、设备多。由于铜始极片薄，容易变形，所以采用的电流密度低、生产效率低。

b 不锈钢阴极电解精炼工艺

最早的不锈钢阴极电解精炼工艺——ISA法电解工艺是澳大利亚汤斯维尔铜精炼公司于1979年开发的，目前国外已有ISA法、KIDD法、OT法、EPCM法，国内也相继开发出多种不锈钢阴极板。该技术使用不锈钢阴极板代替铜始极片作阴极，产出的阴极铜从不锈钢阴极板上剥下，不锈钢阴极板再返回电解槽中使用。由于不锈钢阴极板平直，所以可采用高电流密度进行生产，同常规电解相比，它工艺流程简化、生产效率高、产品质量好，因此具有常规电解及周期反向电解不可比拟的优点，是先进的电解精炼工艺技术。

1.1.1.2 湿法冶炼工艺

德兴铜矿是我国目前最大的铜矿山，每年有2500万吨低品位表外矿送废石堆场。现已堆存几十亿吨废石，其中铜金属含量达200万吨以上。德兴铜矿建成了年产2000t阴极铜的堆浸萃取—电积试验工厂。1997年5月开始喷淋，同年10月产出达到A级标准的电积铜。该堆浸厂具有一定代表性，反映我国堆浸—萃取—电积技术的水平。

### 1.1.2　铅锌冶炼工业概况

世界铅锌矿资源分布广泛，目前已知在 50 多个国家均有分布[9]。据美国地质调查局（USGS）Mineral Commodity Summaries（2019 年）统计，已查明的世界铅资源总量已超过 20 亿吨，锌资源量约为 19 亿吨。

据 2018 年世界矿山铅、锌金属产量统计数据显示，全球矿山铅金属产量为 443 万吨，产量前十的国家为中国、澳大利亚、秘鲁、美国、墨西哥、俄罗斯、印度、哈萨克斯坦、玻利维亚（与前者并列）、瑞典，中国、澳大利亚两国铅矿产量最为丰富，分别占比 47.4%、10.16%，合计约占全球铅矿产量的 57.56%。全球矿山锌金属总产量为 1300 万吨，产量前十的国家为中国、秘鲁、澳大利亚、印度、美国、墨西哥、玻利维亚、哈萨克斯坦、加拿大、瑞典，中国锌矿产量占世界锌矿产量的 33.08%。根据 2018 年的铅、锌金属储量统计数据，全球铅金属总储量为 8330 万吨，储量前十的国家为澳大利亚、中国、俄罗斯、秘鲁、墨西哥、美国、印度、哈萨克斯坦、玻利维亚、瑞典，澳大利亚、中国合计约占全球铅金属储量的 50.42%。全球锌金属总储量为 23000 万吨，锌金属储量前十的国家为澳大利亚、中国、秘鲁、墨西哥、哈萨克斯坦、美国、印度、玻利维亚、加拿大、瑞典，澳大利亚、中国锌金属储量合计约占世界储量的 46.96%（数据来源：《Mineral Commodity Summaries 2019》）。

我国铅锌资源储量位居世界第二，是世界铅锌资源最为丰富的国家之一，铅、锌分别占世界储量的 21.61% 和 19.13%。根据国土资源部《中国矿产资源报告（2019）》统计数据，2018 年中国铅矿查明资源储量 9216.31 万吨，较 2017 年增长 2.8%，锌矿查明资源储量 18755.67 万吨，较 2017 年增长 1.4%，总预测资源量可达 8.6 亿吨。我国铅锌资源主要集中于中西部地区，铅储量占 73.8%，锌储量占 74.8%。我国境内有铅锌矿产地 1000 余处。

近年世界铅锌金属消费主要受到中国铅锌消费快速增长的带动，中国铅锌产业的快速发展也是依托中国经济的高速发展。我国铅锌金属产销量连续多年稳居全球首位。据统计，2018 年，世界精炼铅消费量 1173.4 万吨，中国精铅消费量 497.4 万吨，占全球总量的 42.4%；中国精铅产量 482.5 万吨，世界占比 41.5%；中国铅精矿产量 207.8 万吨，世界占比 44.6%。据工信部统计数据显示，2019 年 1~9 月，铅锌冶炼产品产量保持增长，铅、锌产量分别为 438 万吨、458 万吨，分别同比增长 17.4%、9.5%。

#### 1.1.2.1　铅冶炼

我国铅冶炼工业主要由原生铅冶炼和再生铅冶炼组成，我国铅冶炼产能初始以原生铅为主，随着再生铅产能的快速增长，现原生铅与再生铅比例约为 1.4∶1。2017 年国内主要原生铅冶炼产能为 333 万吨/年，10 万吨以上规模冶炼企业 23 家（数据来源：SMM），是铅冶炼企业废水排放及重金属污染的主要来源。其中河南、湖南、内蒙古三省（区）集中了总产能 84.38% 以上的产能企业，河南省就有 7 家，产能占比 45.35%。2014 年共有约 18 万吨/年产能因经济效益太差而停产关闭，2016 年，随着中央环保督察推进，河南、云南等省份老、旧铅冶炼厂关停。

　　2016年12月29日，工业和信息化部印发《再生铅行业规范条件》规定："废铅蓄电池预处理项目规模应在10万吨/年以上，预处理—熔炼项目再生铅规模应在6万吨/年以上。"相比原《再生铅行业准入条件》，提高了生产规模要求，同时，新增了预处理产物利用方式、配套环保设施和技术要求，对再生铅生产工艺和工序的能耗、资源综合利用指标也提出了更高要求。

　　随着国家政策的引导及铅锌产业深化融合，国内冶炼企业（如豫光金铅）开展原生铅与再生铅结合，探索资源高效循环利用，中国五矿集团铜-铅-锌联合冶炼模式实现了金属资源高效回收，中金岭南通过"富氧烧结"生产工艺改造，提高了二次物料处理能力。驰宏锌锗通过优化发展铅锌冶炼及综合回收，旗下冶炼企业产出的渣通过还原-熔化-烟化炉系统，达到有价金属富集、氧化、还原，实现冶炼渣综合回收利用。

　　铅冶炼行业的主要原料为铅精矿，铅精矿伴生的组分主要有锌、硫、铜、银、金等。中国铅锌资源储量为世界第二位，但仍需大量进口精矿。铅冶炼行业的主要产品为电解铅，主要副产品有硫酸（浓度为93%、98%）、次氧化锌，若该企业有贵金属或稀有金属回收工段，那副产品还有金锭、银锭等。铅冶炼通常分为粗铅冶炼和精炼两个步骤。粗铅冶炼过程是指铅精矿经过氧化脱硫、还原熔炼、铅渣分离等工序，产出粗铅，粗铅含铅95%～98%。粗铅中含有铜、铋、砷、镉、锌等多种杂质，再进一步精炼，去除杂质，形成精铅，精铅含铅99.99%以上。粗铅精炼分为火法精炼和电解精炼，我国通常采用电解精炼。

　　火法炼铅直接炼铅法主要分为熔池熔炼和闪速熔炼两大类。

## A　熔池熔炼

　　熔池熔炼主要包括富氧底吹熔炼法、富氧顶吹熔炼法、富氧侧吹熔炼法。

　　典型的熔池熔炼法包括瑞典波利顿公司开发的卡尔多炉法（Kaldo）、富氧顶吹浸没熔炼—鼓风炉还原法（又称艾萨炼铅法或奥斯麦特炼铅法）、德国鲁奇公司开发的QSL法，以及我国开发成功的氧气底吹—鼓风炉还原法（SKS法）和在SKS法基础上发展的"三段炉法"。

### a　QSL法

　　此技术优点是渣量少、能耗低、烟气$SO_2$浓度高、金属回收率大于95%、备料简单，是真正的一步炼铅法。但QSL法不适用处理中低品位及含锌高的铅入炉物料，操作要求高，氧化还原反应条件控制严格，氧化、还原单元烟尘率高达20%以上，精炼渣量达20%，西北铅锌冶炼厂曾引进试车，但未能成功运行。

### b　奥斯麦特法Ausmelt/艾萨法ISA

　　此技术优点是对物料准备要求简单，炉体密闭性好，炉衬的寿命较长，烟尘量较小；缺点是喷枪使用寿命短，备料系统下料口易堵塞，反应激烈，炉体冲刷严重，能耗较高。云南锡业集团引进并建成10万吨/年生产线，云南冶金集团总公司引进并创新了ISA富氧顶吹熔炼—鼓风炉还原炼铅法，稳定运行至今。

### c　卡尔多法（Kaldo）

　　卡尔多法的优点是铅精矿的氧化、还原在同一台炉内完成，直接产出粗铅，工艺过程简单,是真正意义上的一步炼铅工艺;基建投资相对 QSL 法、基夫赛特法少。缺点是周期性作业,烟气温差大,能源利用不合理,热量浪费严重,炉衬耐火材料寿命短,渣含铅大于 8%,能耗高,无行业应用前景。

d 水口山法(SKS)

水口山炼铅法(SKS 法)是我国在 20 世纪 80 年代创新的具有自主知识产权的一种氧气底吹直接炼铅新工艺,是我国炼铅工艺的重大进步。相比传统炼铅技术,生产环境改善明显,投资省,生产能耗大大降低,自动化程度提升,作业率高,铅及贵金属和硫的回收率高,对原料适应性强,大大提升了生产能力,至今已在国内 30 多家冶炼厂推广应用,SKS冶炼产能占精铅产能的 50% 以上。但此两段炉法也有明显缺点:吹炉烟尘率约 12% ~ 25%,鼓风炉能耗高,尤其鼓风炉处理富铅渣生产过程中对显热利用不合理,鼓风炉处理富铅渣工艺已逐步被淘汰。

e 三段炉炼铅法

为了进一步降低 SKS 的能耗及污染的问题,我国集成创新开发了"三段炉"炼铅法,并在我国多家冶炼企业成功投产。三段炉炼铅法的炉体配置结构紧凑、热渣直流、占地少、投资省;氧化、还原、烟化三段连续作业,工艺流程短,过程简单,工序少,作业稳定,易于操作,并可实现连续生产,自动化程度高;实现熔融高铅渣直接还原,充分利用熔体潜热,能耗低,且不使用焦炭,生产成本低;炉体密闭性能好,烟气逸散少,粉尘量少,对环境友好。

目前豫光金铅和山东恒邦采用双底吹+烟化炉的三段炉炼铅工艺,在河南、山东建成示范工程,年产粗铅均为 10 万吨;金利三段炉炼铅法目前仅在金利金铅集团有限公司建成有年产 10 万吨粗铅规模的示范工程;万洋"三连炉"炼铅法由于不依赖天然气、煤气等,控制相对简单,在国内得到了较快的推广应用。

B 闪速熔炼

闪速熔炼主要包括基夫赛特法(Kivcet),该工艺在我国的江西铜业铅锌金属有限公司已建成 12 万吨/年直接炼铅系统。该炼铅工艺的优点有环境工况条件好、主金属回收率高、作业率高、可处理湿法炼锌渣和含铜的物料、原料适应性强、维修费用省、烟尘率低、烟气逸散少;其主要缺点为投资较大、运行成本高、炉体结构复杂、炉内存在无效工作区,烟道下部易出现炉结。

典型铅冶炼技术对比见表 1-1。

表 1-1 典型铅冶炼技术对比

| 冶炼技术 | 优 点 | 缺 点 | 产 能 |
|---|---|---|---|
| 鼓风炉还原炼铅工艺 | 适应能力强、稳定、生产能力大、工艺成熟可靠 | 能耗高、制酸困难、环境污染严重 | 2005 年前占总产能的 95%,已淘汰 |
| QSL 法 | 备料简单、能耗低,可直接制酸,金属回收率高 | 烟尘率高(20% ~ 30%)、渣含铅高 | |

| 冶炼技术 | 优　点 | 缺　点 | 产　能 |
|---|---|---|---|
| 艾萨法（ISA） | 备料简单、直接制酸、可处理含铅锌渣 | 能耗高，投资大，烟尘率高（20%以上），单炉熔炼制酸困难 | 粗铅 8 万吨/年 |
| 奥斯麦特法（Ausmelt） | 不需鼓风炉熔炼，使流程缩短，建设投资降低 | 能耗高，投资大，烟尘率高，单炉熔炼制酸困难 | 电铅 2 万吨/年 |
| 卡尔多法（Kaldo） | 原料适应性比较强，该工艺流程短、烟气量小 | 原料要求高、采用特殊制酸技术；烟尘率高 | 5 万吨/年 |
| 水口山法（SKS） | 原料适应性强，利于制酸，金属的回收率高，能耗低 | 烟尘率高、鼓风炉能耗高 | 占精铅的 50%以上 |
| 基夫赛特法（Kivcet） | 直接炼铅、工艺先进、烟尘率低、直接制酸，可处理含铅锌渣 | 原料制备要求高 | 22 万吨/年粗铅 |
| 三段炉炼铅法 | 占地少，投资省，工艺流程短，自动化程度高，能耗低，不使用焦炭，粉尘量少，对环境友好 | 不适用于中低品位铅物料的处理，和铅精矿伴生的锌也必须通过高耗能的烟化炉回收 | 120 万吨/年粗铅 |

### C　粗铅精炼

我国粗铅精炼一般采用初步火法精炼和电解精炼相结合的工艺。

主要的工艺过程为：熔炼炉（包括鼓风炉、反射炉或底吹炉）产出的一次粗铅，送火法精炼除杂，得到铅电解阳极板，整型后送电解精炼，使用氟硅酸或硅氟酸铅溶液作为电解液析出铅后，经洗涤后送最终氧化精炼除杂，铸型成品铅锭。电解精炼产出的带有阳极泥的残极，在洗刷剥除表面阳极泥后重新铸成阳极，洗刷后的部分净残极返回火法初步精炼，阳极泥含部分有价金属，一般送回收处理。部分析出的阴极铅用于制造铅电解阴极片，返回电解精炼电解槽进行电解。火法精炼除铜产生的铜浮渣送反射炉，产出铅冰铜、粗铅，粗铅返回熔铅锅，铅冰铜可外售。

我国铅冶炼技术发展很快，尤其火法炼铅技术成熟先进，已达到国际领先水平，铅冶炼生产工艺主要分为四大类：富氧底吹/顶吹/侧吹熔炼—鼓风炉还原、富氧底吹/顶吹/侧吹熔炼—液态高铅渣直接还原、闪速熔炼（基夫赛特法、富氧底吹闪速熔炼法）和铅锌密闭鼓风炉熔炼法（ISP 法）。

#### 1.1.2.2　锌冶炼

我国是锌精矿产消和进口大国，世界锌产量增长主要受中国市场的增长带动。近年来，印度、加拿大、日本、澳大利亚、西班牙、墨西哥等国家的锌产量小幅波动，韩国作为世界第二大锌生产国，多年来也无较大变化（见图 1-1）。

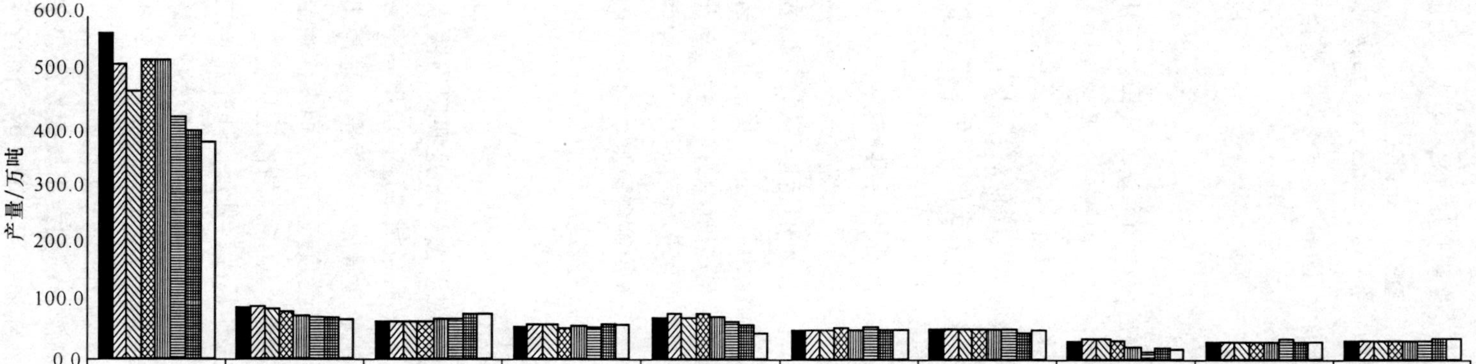

| 产量/万t | 中国 | 韩国 | 加拿大 | 日本 | 印度 | 澳大利亚 | 西班牙 | 秘鲁 | 墨西哥 | 哈萨克斯坦 |
|---|---|---|---|---|---|---|---|---|---|---|
| 2014年 | 561.0 | 87.7 | 64.9 | 57.1 | 71.5 | 50.1 | 52.1 | 31.9 | 32.0 | 31.7 |
| 2013年 | 510.0 | 88.6 | 65.2 | 58.7 | 78.8 | 49.8 | 52.1 | 34.6 | 32.7 | 31.6 |
| 2012年 | 466.5 | 89.5 | 64.8 | 58.3 | 70.6 | 48.5 | 52.1 | 33.6 | 32.4 | 32.4 |
| 2011年 | 517.0 | 84.6 | 65.3 | 54.4 | 78.5 | 50.8 | 51.9 | 31.4 | 32.6 | 32.1 |
| 2010年 | 521.0 | 75.0 | 69.1 | 57.4 | 73.5 | 49.9 | 51.5 | 22.3 | 32.8 | 31.9 |
| 2009年 | 418.6 | 72.2 | 68.6 | 54.1 | 64.0 | 51.9 | 51.5 | 14.9 | 33.5 | 32.8 |
| 2008年 | 394.2 | 73.8 | 76.4 | 61.6 | 58.9 | 49.9 | 46.6 | 19.0 | 32.1 | 36.6 |
| 2007年 | 374.2 | 69.1 | 80.2 | 59.8 | 44.1 | 50.2 | 50.9 | 16.2 | 32.0 | 35.8 |

图1-1 2007~2014年不同国家锌产量统计对比

自 2002 年以来，我国锌产量及消费量已连续多年居世界第一，已占全球 40% 以上。尤其是近 10 年来，我国锌冶炼行业高速发展，锌产量迅速增长，2007 年我国锌产量为 374.3 万吨，2017 年我国锌产量达到了 622 万吨。改革开放 40 多年来，电解锌产量年均递增 8.8%。我国锌年产量是世界第二大产锌国锌产量的 5~6 倍之多。

目前，世界上锌冶炼工艺分火法炼锌和湿法炼锌。火法炼锌有电炉炼锌、竖罐炼锌、密闭鼓风炉熔炼法（ISP 法）等；湿法炼锌主要有常压焙烧浸出工艺、直接浸出工艺等。从发展趋势看，湿法炼锌工艺最近发展较快。

## A　火法炼锌

火法炼锌是基于铅锌的沸点不同，使其还原后分离的方法。我国的火法炼锌工艺主要包括密闭鼓风炉炼锌、平罐炼锌、竖罐蒸馏炼锌和电炉炼锌。平罐炼锌由于环境污染严重、劳动条件差，目前已基本淘汰。竖罐炼锌经过几十年的发展，单罐受热面积由最初的 $40m^2$ 提高到 $100m^2$，热利用效率大大提高；但是能耗偏高，制约了其工艺的发展，也逐步被其他方法所代替。电炉炼锌是于 20 世纪 30 年代出现的炼锌技术，我国于 20 世纪 80 年代开始采用该工艺，但是其生产规模都较小，一般产量为 500~2500t/a。密闭鼓风炉炼铅锌是世界上最主要的火法炼锌方法。世界上总共有 15 台（包括国内 ISP 工厂）密闭鼓风炉在进行锌的生产，占锌的总产量 12%~13%，其技术发展主要是增加二次含铅锌物料的处理措施、改进冷凝效率、富氧技术的运用等[10]。该方法具有生产能力大、燃料消耗少、建筑投资低，生产维修及操作相对简单，提高了有价金属的综合回收率，锌回收率高达 90% 以上等优点。但同时存在烧结焙烧时有贫二氧化硫烟气以及铅蒸汽及粉尘的环境污染问题，未来将逐步淘汰。竖罐炼锌目前仅有我国还在生产，以葫芦岛锌厂为典型。电炉炼锌在我国部分边远省区有锌矿资源且电力充足的地方不断发展。我国绝大部分采用湿法炼锌，火法炼锌产量约为锌总产量的 20%。

## B　常规湿法炼锌

常规湿法炼锌包括常规浸出和热酸浸出。常规湿法炼锌是我国湿法炼锌的主流工艺，产量占湿法炼锌总产量 60% 以上，主要工艺单元包括焙烧—浸出—净液—电积，工艺成熟稳定。整个过程主要以湿法冶炼为主，还包含焙烧、挥发窑处理浸出渣、锌成品等占比约为 15% 火法冶炼过程。火法冶炼过程伴随着废气产生，而湿法冶金反应基本在略高于室温的稀硫酸水溶液中进行，避免了温度高、尘毒大的作业环境，相对于火法工艺有很大的改善。该技术缺点表现在：浸出渣采用挥发窑处理，能耗高，二氧化硫烟气污染，浸出车间环境条件差，浸出渣量大且含锌高达 20% 左右，溶液净化效率不高，锌粉消耗大，冶炼渣资源化利用率低，金属回收率低，在能耗、环保、综合利用方面与国外先进水平有较大差距。

热酸浸出法是在常规浸出法的基础上增加高温、高酸浸出段而发展起来的，与常规浸出法的不同之处在于中性浸出渣的处理方法，实质是用高温（95~100℃）、高酸（终酸 40~60g/L）的手段将中性浸出渣中所含的铁酸锌分解浸出，使焙砂浸出成为不同酸度、多段逆流的浸出过程。其他诸如焙烧、净化、电积、熔铸工序则和常规浸出法类似[11]。

热酸浸出法非常有利于原料矿中伴生的有价金属元素的回收，渣中的铅和银等在硫酸盐体系中不溶解的有价金属得以明显富集，渣中有价金属品位较高。而在热酸浸出过程中，必须经过除铁。常见的有黄钾铁矾法、针铁矿法、赤铁矿法。

与黄钾铁矾法关联的两种变化后的工艺为奥托昆普转化法和低污染黄铁矾法，其中奥托昆普转化法适用于处理低品位铅银物料，低污染黄铁矾法可实现沉铁钒时不添加中和剂的目的，得到的铁钒渣含铁较高、含锌较低，对环境影响较小，但沉铁液的处理量大、生产效率低。我国绝大多数企业采用黄钾铁矾法，典型企业有汉中锌业有限责任公司（产能36万吨/年）、四川宏达有限公司（产能32万吨/年）、河南豫光锌业有限公司（产能25万吨/年）、巴彦淖尔紫金有色金属有限公司（产能22万吨/年）、赤峰中色库博红烨锌冶炼有限公司（产能21万吨/年）等，涉及国内冶炼企业约20家。

针铁矿法需要先将硫酸锌溶液中的 $Fe^{3+}$ 分别经过还原和氧化，最终使铁呈 $FeO \cdot OH$（针铁矿）的形式沉淀。针铁矿渣含铁量高，渣量只有铁矾渣的 60%，同时还可以除去一部分氟和氯。由于针铁矿渣不含硫，故酸的回收率比黄铁矾法高。在实际工业应用中，以我国丹霞冶炼厂为例，从除铁技术升级改造的层面看，现行针铁矿法除铁工艺中，反应器中传质并未达到最优，反应效率不高，产生的铁渣量较大（大于0.5吨铁渣/吨锌），且铁渣品位低（低于 30%）、锌含量高（大于 15%）；所产铁渣晶型复杂，资源化利用过程中能耗高。

日本饭岛冶炼厂在 20 世纪 70 年代就采用赤铁矿法综合回收铜、镉、银和镓、铟等稀散金属。赤铁矿法适用于高铜及高稀散金属锌精矿的处理，但由于需要液体 $SO_2$ 和 $O_2$ 以及高温高压设备，运行费用高。

C　氧压直接浸出炼锌

主要包括氧压浸出和常压富氧浸出两种。

氧压浸出的环境是高温、高压、富氧，常用一段氧压浸出和两段氧压浸出。适用于处理高铁低品位硫化锌精矿、铅锌混合矿、铁酸锌渣、高硅锌精矿等。工艺优势在于：（1）取消了干燥、焙烧、制酸三个工序，硫以元素回收，消除了 $SO_2$ 污染，改善了环境条件；（2）锌、镉浸出率均大于98%，金属回收率高；（3）工艺灵活，可与传统工艺有机结合。该工艺的缺点是：硫渣的处理和银的回收无理想途径，浸出工序溶出的杂质增加了净化难度，设备易腐蚀，操作条件严格，运行成本较高。在国内的应用企业有丹霞冶炼厂、西部矿业锌业分公司、内蒙山金阿尔哈达矿业有限公司、云南澜沧铅矿有限公司、呼伦贝尔驰宏矿业有限公司等。

常压富氧直接浸出法是在氧压浸出法的基础上发展起来的新技术，采用高温（95～100℃）和常压（100kPa），在一组立式搅拌容器内用废电解液连续浸出硫化锌精矿。其基本反应过程仍基于以铁作为硫化物反应的催化剂，把氧作为强氧化剂，只是用核心设备——玻璃钢反应器取代高压釜反应器。

我国株洲冶炼厂引进了富氧常压浸出工艺，中金岭南公司引进了富氧加压浸锌工艺，与此同时云南冶金集团自己研发成功了加压氧浸湿法炼锌工艺。常压与加压氧浸两种工艺在生产中表现出如下差异：常压氧浸蒸汽消耗量较高，DL 反应器设备庞大、效率低，底部搅拌器密封难度较大；但操作控制相对容易，可适应 F、Cl 含量较高的原料。加压氧浸设备效率高、占地面积小；但易产生硫结块，操控要求更严格，难以适应高 F、Cl 原料。常压与加压氧浸均有一些工程问题有待解决，如渣硫有效分离等。另外，渣中银较分散，不利于高银精矿回收银。加压氧浸有待进一步优化，降低作业成本。国外高酸浸出及加压氧浸与常压氧浸产能约占其总产能的 40%。加压及常压氧浸除铁均可视为针铁矿法[12]。

从资源综合回收利用角度，对比锌冶炼工艺：

（1）湿法炼锌工艺的综合回收能力好于火法炼锌；

（2）对于含稀散金属锗、铟的锌精矿，可采用回转窑挥发处理浸出渣；

（3）对于含银、含铅较高的锌精矿，可采用热酸浸出工艺处理浸出渣；

（4）加压浸出具有综合回收稀散金属镓、锗、铟，回收率高，锌铁分离效果好等优点。

结合铅锌冶炼工业企业生产工艺特点，铅锌冶炼生产单元主要包括：

（1）铅冶炼。其包括备料、熔炼炉、还原炉、烟化炉、熔铅锅、电铅锅、浮渣反射炉、锅炉烟气、环境集烟、阳极泥处理等环节等。湿法炼锌包括备料、沸腾焙烧炉、浸出槽、净化槽、多膛炉、回转窑、电解槽、熔铸、锅炉烟气等。

（2）电炉炼锌。其包括备料、沸腾焙烧炉、电炉、烟化炉（回转窑）、锌精馏、熔铸、锅炉烟气等。

（3）密闭鼓风炉熔炼法（ISP 法）。其包括备料、烧结机、破碎机、密闭鼓风炉、烟化炉、熔铅锅、电铅锅、锌精馏、熔铸、锅炉烟气等。

冶炼行业产业集中度低、技术装备水平不一、污染重、能耗高，自"十五"时期开始的大规模技术改造淘汰了一批落后产能，但与发达国家仍有一定差距。

## 1.2　有色金属冶炼行业水污染来源及特征

### 1.2.1　铜冶炼水污染来源及特征

#### 1.2.1.1　火法炼铜工艺

A　污酸废水

a　主要污染物及其来源

污酸废水来源于制酸系统的净化工段[13]，可通过管道输送至污酸处理站进行处理。污酸主要成分包括硫酸、氟化物和铜、砷、铅等重金属离子。总砷、总镉和总铜是主要污染物。

b　废水量及特征污染物浓度

污酸平均废水（以产铜计）产生量：$0.8 \sim 1.2 \mathrm{m}^3/\mathrm{t}$。

污酸工序等标污染负荷量见表 1-2。

表1-2 污酸工序等标污染负荷

| 特征污染物 | 总铜 | 总砷 | 总锌 | 总铅 | 总镉 | 总汞 | 氟化物 | 悬浮物 | 硫酸 |
|---|---|---|---|---|---|---|---|---|---|
| 浓度 /mg·L$^{-1}$ | 200~2500 | 2500~10000 | 20~300 | 10~500 | 1~150 | 0.1~5 | 30~1000 | 500~3000 | 1%~10% |
| 等标负荷 (以产铜计) /m$^3$·t$^{-1}$ | 400~5000 | 5000~20000 | 13~200 | 20~1000 | 10~1500 | 2~50 | 6~200 | 16~100 | — |

由于污酸的污染负荷非常高，每家铜冶炼厂均单独设置污酸处理站，进行单独收集和单独处理。处理后的出水为石膏后液，总镉、总砷、总铜、总锌和总铅是主要污染物，送废水处理总站继续处理。

石膏后液工序等标污染负荷见表1-3。

表1-3 石膏后液工序等标污染负荷

| 特征污染物 | 总铜 | 总砷 | 总锌 | 总铅 | 总镉 | 总汞 | 氟化物 | 悬浮物 | pH值 |
|---|---|---|---|---|---|---|---|---|---|
| 浓度 /mg·L$^{-1}$ | 5~15 | 10~20 | 10~30 | 1~5 | 1~5 | 0.03~0.05 | 10~30 | 20~40 | 1~3 |
| 等标负荷 (以产铜计) /m$^3$·t$^{-1}$ | 10~30 | 20~40 | 6.7~20 | 2~10 | 10~50 | 0.6~1 | 2~6 | 0.7~1.4 | |

### B 冲洗水

#### a 主要污染物及其来源

冲洗水主要来源于电解车间地面冲洗水、硫酸及酸库区域地面冲洗水、电除雾器冲洗水，电解工序的冲洗水，这些污水与污酸处理后的上清液送到生产废水处理总站处理。主要污染物为酸、氟化物、铜、砷、铅等重金属。总镉、总砷、总铜是主要污染物。

#### b 废水量及特征污染物浓度

冲洗水平均废水（以产铜计）产生量：0.3~0.4m$^3$/t。

冲洗水工序等标污染负荷见表1-4。

表1-4 冲洗水工序等标污染负荷

| 特征污染物 | 总铜 | 总砷 | 总锌 | 总铅 | 总镉 | 总汞 | 氟化物 | 悬浮物 | pH值 |
|---|---|---|---|---|---|---|---|---|---|
| 浓度 /mg·L$^{-1}$ | 5~15 | 5~15 | 10~20 | 1~5 | 1~5 | — | 5~15 | 100~300 | 2~5 |
| 等标负荷 (以产铜计) /m$^3$·t$^{-1}$ | 3.5~10.5 | 3.5~10.5 | 2.3~4.6 | 0.7~3.5 | 3.5~17.5 | — | 0.35~1.05 | 1.1~3.5 | — |

C 脱硫废水

a 主要污染物及其来源

脱硫废水主要来源于湿法脱硫工段，污染成分来自于烟气，主要包括铜、砷、镉和铅等金属离子，及大量的二氧化硫溶于水形成的亚硫酸根离子等污染物。总镉、总砷是主要污染物。

b 废水量及特征污染物浓度

脱硫废水平均废水（以产铜计）产生量：$0.6 \sim 1 m^3/t$。

脱硫废水工序等标污染负荷见表 1-5。

表 1-5　脱硫废水工序等标污染负荷

| 特征污染物 | 总铜 | 总砷 | 总锌 | 总铅 | 总镉 | 总汞 |
|---|---|---|---|---|---|---|
| 浓度/mg · L$^{-1}$ | 0.3~1 | 0.3~3 | 1~4 | 0.2~1 | 0.1~1 | — |
| 等标负荷（以产铜计）/m$^3$ · t$^{-1}$ | 0.48~1.6 | 0.48~4.8 | 0.5~2.1 | 0.32~1.6 | 0.8~8 | — |

D 冲渣废水

a 主要污染物及其来源

冲渣废水来源于冰铜水淬、吹炼渣水淬工段，污染物主要包括铜、砷、镉和铅等金属离子污染物。总镉、总砷是主要污染物。

b 废水量及特征污染物浓度

冲渣水平均废水（以产铜计）产生量：$0.2 \sim 0.3 m^3/t$。

冲渣废水工序等标污染负荷见表 1-6。

表 1-6　冲渣废水工序等标污染负荷

| 特征污染物 | 总铜 | 总砷 | 总锌 | 总铅 | 总镉 | 总汞 |
|---|---|---|---|---|---|---|
| 浓度/mg · L$^{-1}$ | 0.3~2 | 0.3~3 | 1~6 | 0.2~2 | 0.1~2 | — |
| 等标负荷（以产铜计）/m$^3$ · t$^{-1}$ | 0.15~1 | 0.15~1.5 | 0.16~1 | 0.1~1 | 0.25~5 | — |

E 循环冷却水

a 主要污染物及其来源

循环冷却水来源于熔炼系统循环冷却水、阳极炉系统循环冷却水和制氧系统循环冷却水、硫酸系统循环冷却水的溢流水等，这部分水主要是温度较高，属清净下水。

b 废水量及特征污染物浓度

循环冷却水工序平均废水（以产铜计）产生量：3.2~4.8m³/t。

循环冷却水工序等标污染负荷见表1-7。

**表1-7 循环冷却水工序等标污染负荷**

| 特征污染物 | 总铜 | 总砷 | 总锌 | 总铅 | 总镉 | 总汞 |
|---|---|---|---|---|---|---|
| 浓度 /mg·L⁻¹ | 0.1~0.2 | 0.01~0.05 | 0.1~0.3 | 未检出 | 未检出 | 未检出 |
| 等标负荷（以产铜计）/m³·t⁻¹ | 0.8~1.6 | 0.08~0.4 | 0.26~0.8 | 0 | 0 | 0 |

F 初期雨水

a 主要污染物及其来源

初期雨水主要是火法冶炼过程中烟尘颗粒降落在厂区地面或屋顶、设备上，降雨时随雨水进入排水系统；湿法冶炼过程管道、槽、罐、泵等跑、冒、滴、漏的污染物，随雨水进入排水系统，主要污染物为砷、铅和镉等重金属等。

b 废水量及特征污染物浓度

由于各地降雨量差异性很大，导致初期雨水产生量差别极大。

初期雨水工序等标污染负荷见表1-8。

**表1-8 初期雨水工序等标污染负荷**

| 特征污染物 | 总铜 | 总砷 | 总锌 | 总铅 | 总镉 | 总汞 |
|---|---|---|---|---|---|---|
| 浓度/mg·L⁻¹ | 0.4~1 | 0.1~1 | 0.02~5 | 0.02~2 | 0.02~2 | — |

### 1.2.1.2 湿法炼铜工艺

A 主要污染物及其来源

萃余液来源于湿法炼铜萃取工段，通过管道输送至废水处理站进行处理。萃余液主要成分包括硫酸、铜、砷、铅、锌和COD等。COD、总砷、总镉和总铜是主要污染物。

B 废水量及特征污染物浓度

萃余液平均废水（以产铜计）产生量：600~1400m³/t。

萃取工序等标污染负荷见表1-9。

表 1-9　萃取工序等标污染负荷

| 特征污染物 | 总铜 | 总砷 | 总锌 | 总铅 | 总镉 | 总汞 | COD |
|---|---|---|---|---|---|---|---|
| 浓度/mg·L$^{-1}$ | 15~30 | 0.01~1 | 10~20 | 0.5~2 | 0.1~1 | — | 200~400 |
| 等标负荷<br>（以产铜计）<br>/m$^3$·t$^{-1}$ | 30000~60000 | 20~2000 | 6666~13332 | 1000~4000 | 1000~10000 | — | 2000~4000 |

2006 年，吨铜耗新水为 25m$^3$，由于近年来铜冶炼企业均配备了生产废水回用系统，排水量均达到国家相关标准的单位产品基准排水量等要求，利用铜精矿的铜冶炼企业的水循环利用率从 2006 年的 95%提升到 2019 年的 98%，吨铜新水耗也从 25m$^3$ 降到了 12~16m$^3$，下降 9m$^3$/t 以上，降幅 36%，创历史最好水平。但与世界其他国家相比，仍存在差距。基于目前我国用水情况，非常有必要及时开展节水、废水治理工作，研发节水、治水的关键技术，形成整套铜冶炼行业废水治理的全过程控制技术。

### 1.2.1.3　各工序等标污染负荷

在分析各工序、各污染物等标污染负荷的基础上，对整个铜冶炼过程中各个工序排放的污染物的等标污染负荷累计求和，得出各工序总等标污染负荷值，并计算负荷比，计算结果见表 1-10。

表 1-10　各工序污染物等标污染负荷总和及负荷比

| 工艺 | 工序 | 各工序等标污染负荷<br>（以产铜计）/m$^3$·t$^{-1}$ | 各工序等标污染<br>负荷比/% | 累积负荷比/% |
|---|---|---|---|---|
| 火法炼铜 | 污酸 | 2147~33100 | 99.1~99.75 | — |
| | 冲洗水 | 14.95~51.15 | 0.69~0.15 | 99.79~99.9 |
| | 脱硫废水 | 2.58~18.1 | 0.12~0.05 | 99.91~99.96 |
| | 冲渣废水 | 0.81~9.5 | 0.04~0.03 | 99.95~99.99 |
| | 循环冷却水 | 1.14~2.8 | 0.05~0.01 | 100 |
| 湿法炼铜 | 萃余液 | 40686~93332 | 39.5~100 | 39.5~100 |

从表中数据可以看出，各工序等标污染负荷总和从大到小的顺序是污酸>冲洗水>脱硫废水>冲渣废水>循环冷却水，其中污酸等标污染负荷比为 99.1%~99.75%，是整个铜火法冶炼过程中最主要污染源，另外湿法炼铜萃余液的污染负荷也非常高。为了了解整个铜火法冶炼过程中的主要污染物，在分析各工序污染物等标负荷的基础上，对某一污染物在整个铜冶炼过程中各个工序的等标污染负荷累计求和，得出其总等标污染负荷，并计算污染负荷比。结果表明，各污染物等标污染负荷总和从大到小的顺序是总砷>总镉>总铜>总锌>氟化物总铅≫悬浮物>总汞。

### 1.2.2　铅冶炼水污染来源及特征

#### 1.2.2.1　水口山法（SKS）

对 SKS 炼铅全过程水污染源进行解析，从备配料到铅锭产品全过程分为 11 个部分，包括 10 个工序（备配料工序、氧气底吹工序、侧吹还原工序、电热前床和烟化炉工序（吹炼）、火法精炼、电解精炼、烟气制酸、尾气脱硫、制氧工序、化学水站）和冲渣废水。

**A　氧气底吹工序**

氧气底吹工序等标污染负荷见表 1-11。

表 1-11　氧气底吹工序等标污染负荷

| 特征污染物 | Hg | Pb | Zn | Cu | Cd | As | Tl | F | Cl | Ca |
|---|---|---|---|---|---|---|---|---|---|---|
| 浓度/mg·L$^{-1}$ | — | 0.0008~0.02 | 0.24~0.29 | 0.004~0.1 | 0.001~0.03 | 0.12~0.175 | — | 0.2~0.4 | 15~45.5 | 32~100 |
| 等标污染负荷（以产铅计）/m³·t$^{-1}$ | — | 0.0021~0.0515 | 0.0206~0.0249 | 0.0010~0.0257 | 0.0026~0.0772 | 0.0515~0.0751 | — | 0.0032~0.0064 | 0.0039~0.0117 | 0.0147~0.046 |

注：—代表未检出。

氧气底吹工序单位产品废水产生量（以产铅计）为 0.03~0.15m³/t，废水水质为冷却水，包括余热锅炉、熔炼炉、氧枪和铸渣机喷水冷却排水，基本无污染物。

**B　侧吹还原工序**

侧吹还原工序等标污染负荷见表 1-12。

表 1-12　侧吹还原工序等标污染负荷

| 特征污染物 | Hg | Pb | Zn | Cu | Cd | As | Tl | F | Cl | Ca |
|---|---|---|---|---|---|---|---|---|---|---|
| 浓度范围/mg·L$^{-1}$ | — | 0.01~0.3 | 0.19~0.4 | 0.03~0.3 | 0.03~0.031 | 0.02~0.12 | — | 0.2~1.5 | 23.9~31.58 | 30~80 |
| 等标污染负荷（以产铅计）/m³·t$^{-1}$ | — | 0.0403~1.2078 | 0.0255~0.0537 | 0.0121~0.1208 | 0.1208~0.1248 | 0.0134~0.0805 | — | 0.0050~0.0377 | 0.0096~0.0127 | 0.0216~0.0575 |

注：—代表未检出。

侧吹还原工序单位产品废水产生量（以产铅计）为 0.1~0.2m³/t，废水水质为冷却水，主要包括余热锅炉、风机、锅炉给水泵、铅圆盘、放渣溜槽等用水点的冷却排污水，无污染物。

C  吹炼工序

电热前床和烟化炉工序等标污染负荷见表 1-13。

表 1-13  电热前床和烟化炉工序等标污染负荷

| 特征污染物 | Hg | Pb | Zn | Cu | Cd | As | Tl | F | Cl | Ca |
|---|---|---|---|---|---|---|---|---|---|---|
| 浓度范围 /mg · L$^{-1}$ | — | 0.0017~ 0.005 | 0.02~ 0.8 | 0.005~ 0.13 | 0.0026~ 0.04 | 0.05~ 0.1 | — | 0.2~0.5 | 29.88~ 54.9 | 5~17 |
| 等标污染负荷 （以产铅计） /m$^3$ · t$^{-1}$ | — | 0.0083~ 0.0244 | 0.0033~ 0.1302 | 0.0024~ 0.0635 | 0.0127~ 0.1954 | 0.0407~ 0.0814 | — | 0.0061~ 0.0153 | 0.0146~ 0.0268 | 0.0044~ 0.0148 |

注：—代表未检出。

吹炼工序单位产品废水产生量（以产铅计）为 0.2~0.3m$^3$/t，废水水质为冷却水，主要包括余热锅炉、炉体水套、风机、锅炉给水泵、球磨机、渣壳坪、炉渣水淬等用水点的冷却排污水，无污染物。

D  火法精炼工序

火法精炼工序等标污染负荷见表 1-14。

表 1-14  火法精炼工序等标污染负荷

| 特征污染物 | Hg | Pb | Zn | Cu | Cd | As | Tl | F | Cl | Ca |
|---|---|---|---|---|---|---|---|---|---|---|
| 浓度范围 /mg · L$^{-1}$ | — | — | 0.034~ 1.1 | 0.11~ 0.3 | 0.002~ 0.028 | 0.01~ 0.3 | — | 0.23~ 1.7 | 10.53~ 48.1 | 1~20 |
| 等标污染负荷 （以产铅计） /m$^3$ · t$^{-1}$ | — | — | 0.0007~ 0.0242 | 0.0073~ 0.0198 | 0.0013~ 0.0185 | 0.0011~ 0.033 | — | 0.0009~ 0.007 | 0.0007~ 0.0032 | 0.0001~ 0.0024 |

注：—代表未检出。

火法精炼工序单位产品废水产生量（以产铅计）为 0.03~0.05m$^3$/t，总体水质情况较好，无污染物。

E  电解精炼工序

电解精炼工序等标污染负荷见表 1-15。

表1-15 电解精炼工序等标污染负荷

| 特征污染物 | Hg | Pb | Zn | Cu | Cd | As | Tl | F | Cl | Ca |
|---|---|---|---|---|---|---|---|---|---|---|
| 浓度范围 /mg·L⁻¹ | — | 20~1000 | 0.02~0.5 | 0.03~0.3 | 0.002~0.05 | 0.05~0.1 | — | 13~500 | 12~200 | 5~81 |
| 等标污染负荷（以产铅计）/m³·t⁻¹ | — | 13.2~660 | 0.0004~0.011 | 0.0020~0.0198 | 0.0013~0.033 | 0.0055~0.011 | — | 0.0536~2.06 | 0.0008~0.0132 | 0.0006~0.0095 |

注：—代表未检出。

电解精炼工序单位产品废水产生量（以产铅计）为 0.03~0.2m³/t，废水包括电解槽和储液槽机械泄漏的地面冲洗电解液，以及系统内盐分开路的电解废液，性质为高铅、高氟氯。

F 烟气制酸工序

烟气净化制酸工序等标污染负荷（污酸）见表1-16。

表1-16 烟气净化制酸工序等标污染负荷（污酸）

| 特征污染物 | Hg | Pb | Zn | Cu | Cd | As | Tl | F | Cl | Ca |
|---|---|---|---|---|---|---|---|---|---|---|
| 浓度范围 /mg·L⁻¹ | 0.7~151 | 21.6~600 | 40~480 | 3.65~112 | 3.17~2362 | 3500~13900 | 6.12~27.4 | 100~10800 | 8400~37900 | 0~120 |
| 等标污染负荷（以产铅计）/m³·t⁻¹ | 11.55~2491.5 | 213.84~5940 | 13.2~158.4 | 3.6135~110 | 31.383~23383.8 | 5775~22935 | 6056~2712.6 | 6.1875~668.25 | 8.3160~37.5210 | 0~0.212 |

制酸工序单位产品废水产生量（以产铅计）为 0.3~0.6m³/t，该废水含酸碱以及 Zn、Pb、As、Cd、Tl、Hg 等重金属离子和非金属化合物，砷、镉为最主要污染物。

烟气净化制酸工序等标污染负荷（冷却水）见表1-17。

表1-17 烟气净化制酸工序等标污染负荷（冷却水）

| 特征污染物 | Hg | Pb | Zn | Cu | Cd | As | Tl | F | Cl | Ca |
|---|---|---|---|---|---|---|---|---|---|---|
| 浓度范围 /mg·L⁻¹ | 0.0016~0.015 | 0.0021~0.1 | 0.02~7 | 0.03~0.3 | 0.031~5.9 | 0.05~0.1 | — | 0.2~1.66 | 40~62.7 | 11~30 |
| 等标污染负荷（以产铅计）/m³·t⁻¹ | 0.02~0.2 | 0.02~0.4 | 0.01~1.85 | 0.024~0.24 | 0.25~46.6 | 0.07~0.079 | | 0.001~0.08 | 0.032~0.05 | 0.016~0.04 |

注：—代表未检出。

制酸工序废水除污酸外，还有一部分排污水来自风机房安全喷淋、设备密封、电机冷却排水以及净化干吸设备冷却水。这部分冷却水单位产品废水产生量（以产铅计）为0.1~0.4m³/t。

镉为主要污染物，分析认为是工序烟尘中重金属的无组织排放和跑冒滴漏引起。

G　尾气脱硫工序

烟化炉、还原炉尾气脱硫工序等标污染负荷见表1-18。

表1-18　烟化炉、还原炉尾气脱硫工序等标污染负荷

| 特征污染物 | Hg | Pb | Zn | Cu | Cd | As | Tl | F | Cl | Ca |
|---|---|---|---|---|---|---|---|---|---|---|
| 浓度范围 /mg · L⁻¹ | 0.6~ 4.28 | 7.33~ 151 | 0.9~ 3.1 | 0.51~ 12.72 | 0.715~ 39.41 | 25~ 25785 | 0.12~ 0.39 | 34~50 | 15~132 | 17.45~ 266 |
| 等标污染负荷 （以产铅计） /m³ · t⁻¹ | 9.9~ 70.62 | 72.56~ 1494.9 | 0.297~ 1.023 | 0.5049~ 12.5928 | 7.0785~ 390.159 | 41.25~ 42545.25 | 11.88~ 38.61 | 2.1038~ 3.0938 | 0.0149~ 0.1307 | 0.0308~ 0.4703 |

还原炉、烟化炉低浓度二氧化硫烟气净化脱硫过程产生的废水，主要含As、Tl、Cd、Pb、Zn等重金属离子，砷是该工序废水主要污染物，重金属浓度高，大部分废水进入脱硫系统循环利用，只有少部分开路送往锌系统集中处理，有些则与污酸一起进入污酸处理站单独处理后排放总废水处理站，单位产品废水产生量（以产铅计）为0.5~1.0m³/t。

另一部分为制酸尾气脱硫废水，来自脱硫除雾板反冲洗、二氧化硫风机循环冷却水排水，以及系统脱硫循环液，废水含极少量重金属，单位产品废水量（以产铅计）为0.03~0.05m³/t，基本工艺内全部回用。

H　制氧工序

制氧工序等标污染负荷见表1-19。

表1-19　制氧工序等标污染负荷

| 特征污染物 | Hg | Pb | Zn | Cu | Cd | As | Tl | F | Cl | Ca |
|---|---|---|---|---|---|---|---|---|---|---|
| 浓度范围 /mg · L⁻¹ | — | — | 0.0014~ 0.016 | 0.13~ 0.05 | 0.01~ 0.04 | — | — | 3~8 | 4.06~ 39.34 | 12~19.7 |
| 等标污染负荷 （以产铅计） /m³ · t⁻¹ | — | — | 0.0001~ 0.001 | 0.019~ 0.007 | 0.0145~ 0.058 | — | — | 0.027~ 0.073 | 0.0006~ 0.006 | 0.003~ 0.005 |

注：—代表未检出。

制氧工序单位产品废水产生量（以产铅计）为 0.05～0.1m³/t。主要为氧站冷却塔和空分设备冷却水，基本无污染物。

I　化学水站

化学水站废水等标污染负荷见表 1-20。

表 1-20　化学水站废水等标污染负荷

| 特征污染物 | Hg | Pb | Zn | Cu | Cd | As | Tl | F | Cl | Ca |
|---|---|---|---|---|---|---|---|---|---|---|
| 浓度范围 /mg·L⁻¹ | — | 0.006~ 0.01 | 0.043~ 0.1 | | 0.001~ 0.003 | 0.02~ 0.05 | — | 9.8~ 15.5 | 400~ 698 | 400~ 4000 |
| 等标污染负荷（以产铅计） /m³·t⁻¹ | — | 0.048~ 0.079 | 0.011~ 0.03 | | 0.008~ 0.024 | 0.026~ 0.07 | — | 0.485~ 0.767 | 0.317~ 0.55 | 0.566~ 5.66 |

注：—代表未检出。

化学水站一般用于企业制取化学水和软水，化学水站废水包括混床洗涤废水、软水树脂洗涤废水、化学水机械过滤清洗水、洗手排水、浓水，该工序单位产品废水产生量（以产铅计）为 0.3～0.5m³/t。影响回用的主要因子为钙离子，一般采用脱钙技术后分质回用。

J　冲渣废水

冲渣废水等标污染负荷见表 1-21。

表 1-21　冲渣废水等标污染负荷

| 特征污染物 | Hg | Pb | Zn | Cu | Cd | As | Tl | F | Cl | Ca |
|---|---|---|---|---|---|---|---|---|---|---|
| 浓度范围 /mg·L⁻¹ | 0.22~ 0.52 | 0.04~ 0.5 | 0.2~ 0.67 | 0.2~ 0.6 | 0.01~ 0.04 | 1.33~ 1.2 | 0.0002~ 0.003 | 12~ 33.1 | 419~ 550.3 | 320~ 557 |
| 等标污染负荷（以产铅计） /m³·t⁻¹ | 5.81~ 13.73 | 0.63~ 7.9 | 0.11~ 0.354 | 0.317~ 0.95 | 0.16~ 0.63 | 3.51~ 3.17 | 0.032~ 0.48 | 1.19~ 3.3 | 0.67~ 0.88 | 0.91~ 1.58 |

冲渣废水单位产品废水产生量（以产铅计）为 0.3～0.8m³/t。冲渣废水来自熔炼炉渣水淬时产生的废水，含盐分及少量重金属离子等。

K　各工序总等标污染负荷及负荷比

根据前述计算的 SKS 法铅冶炼各工序废水污染物等标负荷，对其进行累计求和，计算各工序总等标污染负荷及负荷比，结果见表 1-22。

表 1-22　水口山法各工序总等标污染负荷及负荷比

| 工　序 | 各工序总等标污染负荷（以产铅计）/m³·t⁻¹ | 各工序等标污染负荷比/% | 累积负荷比/% | 产污系数（以产铅计）/m³·t⁻¹ |
|---|---|---|---|---|
| 烟气净化制酸—污酸 | 6668. 970~58438. 163 | 56. 3261~97. 4483 | | 0. 33~0. 594 |
| 碱洗脱硫 | 145. 627~44556. 849 | 2. 1279~42. 9465 | 99. 2727~99. 5763 | 0. 495~0. 99 |
| 电解精炼 | 13. 264~662. 160 | 0. 1938~0. 6382 | 99. 7701~99. 9109 | 0. 033~0. 165 |
| 烟气净化制酸—冷却水 | 0. 435~49. 501 | 0. 0064~0. 0477 | 99. 7764~99. 9586 | 0. 099~0. 396 |
| 冲渣废水 | 13. 322~32. 953 | 0. 0318~0. 1947 | 99. 9711~99. 9904 | 0. 33~0. 759 |
| 化学水站 | 1. 4608~7. 173 | 0. 0069~0. 0213 | 99. 9924~99. 9973 | 0. 33~0. 495 |
| 侧吹还原 | 0. 248~1. 696 | 0. 0016~0. 0036 | 99. 9961~99. 9989 | 0. 132~0. 198 |
| 电热前床和烟化 | 0. 092~0. 552 | 0. 0005~0. 0014 | 99. 9974~99. 9994 | 0. 165~0. 33 |
| 氧气底吹 | 0. 100~0. 319 | 0. 0003~0. 0015 | 99. 9989~99. 9998 | 0. 033~0. 1485 |
| 制氧 | 0. 064~0. 150 | 0. 00014~0. 00094 | 99. 9998~99. 9999 | 0. 0495~0. 099 |
| 火法精炼 | 0. 012~0. 108 | 0. 00010~0. 00018 | 100. 0000 | 0. 033~0. 0495 |
| 合　计 | 6843. 60~103749. 62 | 100. 000 | | 2. 0~4. 2 |

由表 1-22 可以得出，制酸工序污染负荷比为 56.3261%~97.4483%，根据累积污染负荷比达 80% 以上的筛选原则确定主要污染源，由此可知，SKS 冶炼废水污染集中在制酸工序，是 SKS 炼铅过程中最主要的污染源。

**L　各污染物总等标污染负荷及负荷比**

同理，对某一污染物在 SKS 法铅冶炼过程中各个工序的等标污染负荷累计求和，计算总等标污染负荷、负荷比，考察 SKS 铅冶炼工艺过程中产生的主要污染物。

各污染物总等标污染负荷及负荷比见表 1-23。

表 1-23　各污染物总等标污染负荷及负荷比

| 特征污染物 | 各污染物总等标污染负荷（以产铅计）/m³·t⁻¹ | 各污染物等标污染负荷比/% | 累积负荷比/% | 各污染物产污系数（以产铅计）/g·t⁻¹ |
|---|---|---|---|---|
| As | 5819. 966~65483. 844 | 63. 134~85. 126 | | 1745. 99~19645. 15 |
| Cd | 39. 027~23821. 693 | 0. 571~22. 967 | 85. 696~86. 101 | 1. 95~1191. 08 |
| Pb | 300. 353~8104. 579 | 4. 393~7. 814 | 90. 089~93. 915 | 15. 02~405. 23 |
| Tl | 617. 760~2751. 210 | 2. 652~9. 036 | 96. 567~99. 125 | 3. 09~13. 76 |
| Hg | 21. 471~2562. 317 | 0. 314~2. 470 | 99. 038~99. 439 | 0. 64~76. 87 |

| 特征污染物 | 各污染物总等标污染负荷<br>（以产铅计）/m³·t⁻¹ | 各污染物等标污染<br>负荷比/% | 累积负荷比/% | 各污染物产污系数<br>（以产铅计）/g·t⁻¹ |
|---|---|---|---|---|
| F | 10.067~677.672 | 0.147~0.653 | 99.586~99.691 | 80.56~5421.37 |
| Zn | 13.669~161.896 | 0.156~0.200 | 99.786~99.847 | 20.50~242.84 |
| Cu | 3.681~111.374 | 0.054~0.107 | 99.840~99.954 | 2.00~56.16 |
| Cl | 9.364~39.199 | 0.038~0.137 | 99.977~99.992 | 4686.59~19599.59 |
| Ca²⁺ | 1.562~8.093 | 0.008~0.023 | 100.000 | 437.28~2265.98 |
| 合计 | 6836.920~103721.877 | 100.000 | | 6993.63~48918.05 |

由表1-23可知，总砷的总等标污染负荷与等标污染负荷比均处于首位，表明总砷的排放量最大，为最主要污染物。确定污染物等标污染负荷累积达80%以上的污染物为主要污染物，很明显，总砷、总镉、总铅为主要污染物，符合行业废水排放特征，同时应对铊、氟、氯污染物予以重点关注。

### 1.2.2.2 基夫赛特法

对基夫赛特炼铅全过程水污染源进行解析，从备配料到铅锭产品全过程分为8个部分，包括8个工序：备配料工序、熔炼工序、吹炼工序、火法精炼、电解精炼、烟气制酸、碱洗脱硫、化学水站。水淬冲渣水在系统内循环，无废水排出。

采用等标污染负荷法，通过计算，得出各工序等标污染负荷数据，并以此分析各工序各污染物的等标污染负荷及污染负荷比。

#### A 备配料工序

备配料工序废水等标污染负荷见表1-24。

**表1-24 备配料工序废水等标污染负荷**

| 特征污染物 | Hg | Pb | Zn | Cu | Cd | As | Tl | F | Cl | Ca |
|---|---|---|---|---|---|---|---|---|---|---|
| 浓度范围<br>/mg·L⁻¹ | — | 0.17~<br>0.2 | 0.59~<br>1.44 | — | — | — | — | 0.15~<br>0.9 | 2.9~15 | 3~49 |
| 等标污染负荷<br>（以产铅计）<br>/m³·t⁻¹ | — | 0.1~<br>0.12 | 0.01~<br>0.03 | — | — | — | — | 0.00056~<br>0.00334 | 0.00017~<br>0.0009 | 0.00032~<br>0.0052 |

注：—代表未检出。

备配料工序产品废水产生量（以产铅计）为0.01~0.03m³/t，废水水质为冷却水，包括粉煤制备、干燥烟气收尘、混合料干燥球磨工序排出的生产废水，基本无污染物。

B　熔炼工序

熔炼工序废水等标污染负荷见表 1-25。

表 1-25　熔炼工序废水等标污染负荷

| 特征污染物 | Hg | Pb | Zn | Cu | Cd | As | Tl | F | Cl | Ca |
|---|---|---|---|---|---|---|---|---|---|---|
| 浓度范围 /mg·L$^{-1}$ | 0.001~ 0.004 | 0.23~ 0.24 | 0.14~ 0.913 | — | 0.04~ 0.04 | 0.05~ 0.15 | — | 0.6~ 11.5 | 4.2~ 10.53 | 47.3~ 166 |
| 等标污染负荷 (以产铅计) /m$^3$·t$^{-1}$ | 0.02~ 0.06 | 1.98~ 2.1 | 0.04~ 0.3 | — | 0.3~ 0.34 | 0.08~ 0.21 | — | 0.03~ 0.6 | 0.004~ 0.01 | 0.07~ 0.3 |

注：—代表未检出。

熔炼工序单位产品废水产生量（以产铅计）为 0.3~0.6m$^3$/t，废水水质为冷却循环水，由硫酸工序的循环水池供水，少量重金属超标。

C　吹炼工序

吹炼工序废水等标污染负荷见表 1-26。

表 1-26　吹炼工序废水等标污染负荷

| 特征污染物 | Hg | Pb | Zn | Cu | Cd | As | Tl | F | Cl | Ca |
|---|---|---|---|---|---|---|---|---|---|---|
| 浓度范围 /mg·L$^{-1}$ | 0.0001~ 0.004 | 0.17~ 0.34 | 0.016~ 0.1 | 0.01~ 0.32 | 0.004~ 0.05 | 0.05~ 0.1 | — | 0.2~ 0.6 | 5~ 11.7 | 228~ 406 |
| 等标污染负荷 (以产铅计) /m$^3$·t$^{-1}$ | 0.001~ 0.04 | 1.2~ 2.4 | 0.004~ 0.01 | 0.01~ 0.2 | 0.03~ 0.3 | 0.1~ 0.1 | — | 0.01~ 0.03 | 0.004~ 0.01 | 0.29~ 0.52 |

注：—代表未检出。

吹炼工序单位产品废水产生量（以产铅计）为 0.3~0.5m$^3$/t，废水水质为冷却循环水，由烟化炉循环水池供水，基本不含污染物。

D　火法精炼工序

火法精炼工序废水等标污染负荷见表 1-27。

表 1-27　火法精炼工序废水等标污染负荷

| 特征污染物 | Hg | Pb | Zn | Cu | Cd | As | Tl | F | Cl | Ca |
|---|---|---|---|---|---|---|---|---|---|---|
| 浓度范围 /mg·L$^{-1}$ | 0.0002~ 0.001 | 0.03~ 0.032 | 0.5~ 1.95 | 0.0004~ 0.1 | 0.005~ 0.04 | 0.1~ 0.25 | — | 5~ 8.33 | 2.4~ 5 | — |
| 等标污染负荷 (以产铅计) /m$^3$·t$^{-1}$ | 0.001~ 0.006 | 0.09~ 0.1 | 0.05~ 0.1 | 0.0001~ 0.03 | 0.017~ 0.1 | 0.073~ 0.12 | — | 0.1~ 0.16 | 0.0007~ 0.0016 | — |

注：—代表未检出。

火法精炼工序单位产品废水产生量（以产铅计）为 0.1~0.2m³/t，废水水质为冷却循环水，锌偶有超标。

E 电解工序

电解工序废水等标污染负荷见表 1-28。

表 1-28 电解工序废水等标污染负荷

| 特征污染物 | Hg | Pb | Zn | Cu | Cd | As | Tl | F | Cl | Ca |
|---|---|---|---|---|---|---|---|---|---|---|
| 浓度范围 /mg·L⁻¹ | 0.001~ 0.0058 | 20~ 1000 | 0.03~ 9.19 | 0.1~ 0.23 | 0.05~ 0.057 | 0.2~ 0.33 | — | 13~500 | 12~200 | 5~81 |
| 等标污染负荷（以产铅计）/m³·t⁻¹ | 0.0006~ 0.003 | 6.6~ 330 | 0.0003~ 0.1 | 0.0046~ 0.0076 | 0.016~ 0.02 | 0.01~ 0.02 | — | 0.027~ 1.03 | 0.0004~ 0.0066 | 0.0003~ 0.005 |

注：—代表未检出。

电解工序单位产品废水产生量（以产铅计）为 0.03~0.2m³/t，废水水质为冷却循环水，少量重金属超标。

F 烟气制酸工序

烟气净化制酸工序废水等标污染负荷见表 1-29。

表 1-29 烟气净化制酸工序废水等标污染负荷

| 特征污染物 | Hg | Pb | Zn | Cu | Cd | As | Tl | F | Cl | Ca |
|---|---|---|---|---|---|---|---|---|---|---|
| 浓度范围 /mg·L⁻¹ | 4~ 80 | 0.46~ 64.8 | 55~ 2815 | 0.01~ 12.35 | 1.38~ 720 | 3310~ 15026 | 0.4~ 1.43 | 4377~ 10800 | 8400~ 37900 | 760~ 1140 |
| 等标污染负荷（以产铅计）/m³·t⁻¹ | 132~ 2640 | 9.1~ 1283 | 36.3~ 1857.9 | 0.02~ 24.45 | 27.3~ 14256 | 10923~ 49585.8 | 79.2~ 283.1 | 541.7~ 1336.5 | 16.63~ 75 | 2.69~ 4.0 |

烟气净化制酸工序单位产品废水产生量（以产铅计）为 0.4~0.99m³/t，废水水质为污酸，含高浓度重金属离子和氟氯以及钙离子。

G 碱洗脱硫工序

碱洗脱硫工序废水等标污染负荷见表 1-30。

表 1-30　碱洗脱硫工序废水等标污染负荷

| 特征污染物 | Hg | Pb | Zn | Cu | Cd | As | Tl | F | Cl | Ca |
|---|---|---|---|---|---|---|---|---|---|---|
| 浓度范围 /mg·L⁻¹ | 0.03~24 | 11.6~50 | 1.59~171 | — | 0.32~3.1 | 41.84~2000 | 2.13~3 | 500~700 | 400~700 | — |
| 等标污染负荷（以产铅计）/m³·t⁻¹ | 1.3~999 | 290.9~1254 | 1.3~142.6 | — | 8~78 | 174.9~8360 | 534.2~752.4 | 78.4~110 | 1~1.76 | — |

注：—代表未检出。

碱洗脱硫工序单位产品废水产生量（以产铅计）为 0.5~1.0m³/t，废水水质为脱硫废水，来自氧化锌碱洗除氟氯后，洗涤烟气后废水，pH 值为 7~8；F 浓度为 500~700mg/L，Cl 浓度为 400~700mg/L，铊浓度高约 3.0mg/L，As 浓度 40~2000mg/L。

H　化学水站

化学水站废水等标污染负荷见表 1-31。

表 1-31　化学水站废水等标污染负荷

| 特征污染物 | Hg | Pb | Zn | Cu | Cd | As | Tl | F | Cl | Ca |
|---|---|---|---|---|---|---|---|---|---|---|
| 浓度范围 /mg·L⁻¹ | — | 0.001~0.01 | 0.003~0.0043 | — | 0.0005~0.003 | 0.0054~0.02 | — | 3~15.5 | 45~698 | 150~300 |
| 等标污染负荷（以产铅计）/m³·t⁻¹ | — | 0.026~0.158 | 0.003~0.004 | — | 0.013~0.079 | 0.0238~0.088 | — | 0.495~2.5575 | 0.1188~1.8427 | 0.7071~1.4143 |

注：—代表未检出。

化学水站单位产品废水产生量（以产铅计）为 0.5~1.3m³/t，废水水质为化学水站浓水，主要污染物为总硬度，盐分高，不含重金属。

I　各工序总等标污染负荷、负荷比

根据前述计算的基夫赛特法铅冶炼各工序废水污染物等标负荷，对其进行累计求和，计算各工序总等标污染负荷及负荷比，结果见表 1-32。

表 1-32　各工序总等标污染负荷及负荷比

| 工序 | 各工序总等标污染负荷（以产铅计）/m³·t⁻¹ | 各工序等标污染负荷比/% | 累积负荷比/% | 各工序产污系数（以产铅计）/m³·t⁻¹ |
|---|---|---|---|---|
| 烟气净化制酸 | 11767.925~71345.906 | 85.557~91.433 | | 0.495~0.99 |
| 碱洗脱硫 | 1090.010~11698.023 | 8.469~14.028 | 99.5853~99.9016 | 0.528~0.99 |

| 工 序 | 各工序总等标污染负荷<br>（以产铅计）/m³·t⁻¹ | 各工序等标污染<br>负荷比/% | 累积负荷比/% | 各工序产污系数<br>（以产铅计）/m³·t⁻¹ |
|---|---|---|---|---|
| 电解精炼 | 6.661~331.191 | 0.0518~0.3972 | 99.9534~99.9825 | 0.033~0.165 |
| 化学水站 | 1.387~6.144 | 0.007~0.011 | 99.9642~99.9899 | 0.495~1.32 |
| 熔炼 | 2.511~3.806 | 0.005~0.020 | 99.9837~99.9944 | 0.297~0.594 |
| 吹炼 | 1.655~3.739 | 0.004~0.013 | 99.9965~99.9989 | 0.33~0.495 |
| 火法精炼 | 0.333~0.742 | 0.0009~0.0026 | 99.9991~99.9998 | 0.132~0.198 |
| 备配料 | 0.114~0.156 | 0.0009~0.0002 | 100.000 | 0.0099~0.033 |
| 合 计 | 12870.60~83389.71 | 100.000 | | 2.32~4.79 |

由表 1-32 可知，各工序等标污染负荷比从大到小依次为制酸>碱洗脱硫>电解精炼>化学水站>熔炼>吹炼>火法精炼>备配料，其中制酸 85.557%~91.433%，因此，烟气净化制酸工序是最主要的污染工序。脱硫废水等标污染负荷比占 8.469%~14.028%，是第二大污染源。基夫赛特炼铅产污系数（以产铅计）为 2.32~4.79m³/t。

**J　各污染物总等标污染负荷、负荷比**

各污染物总等标污染负荷及负荷比见表 1-33。

**表 1-33　各污染物总等标污染负荷及负荷比**

| 特征污染物 | 各污染物总等标污染负荷<br>（以产铅计）/m³·t⁻¹ | 各污染物等标污染<br>负荷比/% | 累积负荷比/% | 各污染物产污系数<br>（以产铅计）/g·t⁻¹ |
|---|---|---|---|---|
| As | 11098.1305~57946.3627 | 69.489~86.229 | | 3329.4392~17383.9088 |
| Cd | 35.7251~14335.3914 | 0.278~17.191 | 86.506~86.680 | 1.7862~716.7515 |
| Hg | 133.2741~3639.1286 | 1.035~4.364 | 87.542~91.044 | 3.998~109.1738 |
| Pb | 310.0744~2871.9138 | 2.409~3.444 | 89.951~94.488 | 15.4414~143.5957 |
| Zn | 37.7395~2001.1297 | 0.293~2.400 | 90.244~96.888 | 56.6092~3001.6946 |
| F | 620.6887~1450.0344 | 1.739~4.823 | 95.067~98.627 | 4965.5093~11604.947 |
| Tl | 613.4040~1035.5400 | 1.242~4.766 | 99.833~99.869 | 3.067~5.1777 |
| Cl | 17.7623~78.6659 | 0.094~0.138 | 99.963~99.971 | 8881.1705~39332.9434 |
| Cu | 0.0346~24.7218 | 0.0003~0.030 | 99.971~99.993 | 0.0173~12.3609 |
| Ca²⁺ | 3.7608~6.2247 | 0.007~0.029 | 100.000 | 1053.036~1742.903 |
| 合计 | 12870.5941~83389.1129 | 100.00 | | 18310.075~74053.457 |

从表 1-33 可知，各污染物等标污染负荷比最大为砷，其次为镉、汞、铅、锌、氟、铊、氯、铜、钙。从中筛选出各污染物等标污染负荷比累计达 80% 的污染物为主要污染物，即总砷、总镉、总汞为主要污染物。

### 1.2.3　锌冶炼水污染来源及特征

锌冶炼生产中会产生大量重金属废水，因炼锌工艺不同，产生的废水也有所不同。常规焙烧浸出工艺主要分为备料工序、焙烧工序、制酸工序、浸出工序、净化工序、电积工序、熔铸工序7个单元；氧压直接浸出工艺主要分为备料工序、浸出工序、焙烧制酸工序、净化工序、电积工序、熔铸工序6个主要单元。根据锌冶炼行业水污染源解析成果，常规焙烧浸出工艺、氧压直接浸出工艺废水污染来源及特征如下。

#### 1.2.3.1　常规焙烧浸出工艺

在湿法炼锌工艺过程中，水被大量使用，主要用于洗涤焙烧烟气、湿法冶炼、冲渣、洗渣、洗设备和地板，以及冷却生产设备等，因而生产过程中会产生大量的废水。

**A　备料工序**

备料工序废水主要为锌精矿仓中给料、输送、混料产生的颗粒降尘沉降到地面，产生的少量地面冲洗废水，基本无污染物。平均废水产生量（以产锌计）：$0 \sim 0.0495 m^3/t$。

备料工序废水污染物等标污染负荷见表1-34。

表1-34　备料工序废水污染物等标污染负荷

| 特征污染物 | Hg | Pb | Zn | Cu | Cd | As | F | Cl |
|---|---|---|---|---|---|---|---|---|
| 浓度范围 /mg·L$^{-1}$ | 0.0001~0.05 | 0.005~0.01 | 0.01~20 | 0.005~0.5 | 0.0005~0.001 | 0.005~0.3 | 1.5~20 | 50~200 |
| 等标污染负荷（以产锌计）/m³·t$^{-1}$ | 0.0002~0.0825 | 0.005~0.0099 | 0.0003~0.66 | 0.0005~0.0495 | 0.0005~0.001 | 0.0008~0.0495 | 0.009~0.12 | 0.005~0.0198 |

**B　焙烧工序**

焙烧工序主要为炉窑设备间接冷却水，排放量大，含少量炉渣、悬浮物、少量重金属和氯化物。平均废水产生量（以产锌计）：$0.396 \sim 0.594 m^3/t$。

焙烧工序废水污染物等标污染负荷见表1-35。

表1-35　焙烧工序废水污染物等标污染负荷

| 特征污染物 | Hg | Pb | Zn | Cu | Cd | As | F | Cl |
|---|---|---|---|---|---|---|---|---|
| 浓度范围 /mg·L$^{-1}$ | 0.0001~0.005 | 0.005~0.01 | 0.01~5 | 0.005~0.5 | 0.0005~0.04 | 0.005~0.03 | 1.5~20 | 50~200 |
| 等标污染负荷（以产锌计）/m³·t$^{-1}$ | 0.0017~0.0825 | 0.0495~0.099 | 0.0033~1.65 | 0.005~0.495 | 0.005~0.396 | 0.0083~0.0495 | 0.0928~1.2375 | 0.0495~0.198 |

C　制酸工序

制酸工序的废水主要为烟气稀酸水洗净化产生的污酸废水，污酸废水产生量（以产锌计）：0.33~0.495m³/t，含高浓度的酸、总砷、总镉等重金属。

制酸工序废水污染物等标污染负荷见表1-36。

表1-36　制酸工序废水污染物等标污染负荷

| 特征污染物 | Hg | Pb | Zn | Cu | Cd | As | F | Cl |
|---|---|---|---|---|---|---|---|---|
| 浓度范围 /mg·L⁻¹ | 0.5~20 | 5~80 | 300~1200 | 10~30 | 10~200 | 300~1300 | 500~2000 | 500~3800 |
| 等标污染负荷（以产锌计）/m³·t⁻¹ | 6.6~264 | 39.6~633.6 | 79.2~316.8 | 7.92~23.76 | 79.2~1584 | 396~1716 | 24.75~99 | 0.396~3.0096 |

D　浸出工序

废水浓度高，酸度大，重金属含量高，平均废水产生量（以产锌计）：0.165~0.66m³/t。

浸出工序废水污染物等标污染负荷见表1-37。

表1-37　浸出工序废水污染物等标污染负荷

| 特征污染物 | Hg | Pb | Zn | Cu | Cd | As | F | Cl |
|---|---|---|---|---|---|---|---|---|
| 浓度范围 /mg·L⁻¹ | 0.001~0.5 | 5~50 | 50~800 | 0.1~10 | 2~50 | 0.1~20 | 5~40 | 50~300 |
| 等标污染负荷（以产锌计）/m³·t⁻¹ | 0.022~11 | 66~660 | 22~352 | 0.132~13.2 | 26.4~660 | 0.22~44 | 0.4125~3.3 | 0.066~0.396 |

E　净化工序

净化工序的废水主要来源于锅炉排污、冷却水等，平均废水产生量（以产锌计）：0.165~0.66m³/t。

净化工序废水污染物等标污染负荷见表1-38。

表1-38　净化工序废水污染物等标污染负荷

| 特征污染物 | Hg | Pb | Zn | Cu | Cd | As | F | Cl |
|---|---|---|---|---|---|---|---|---|
| 浓度范围 /mg·L⁻¹ | 0.001~0.5 | 5~50 | 40~600 | 0.1~5 | 2~50 | 0.1~5 | 8~80 | 45~300 |
| 等标污染负荷（以产锌计）/m³·t⁻¹ | 0.022~11 | 66~660 | 17.6~264 | 0.132~6.6 | 26.4~660 | 0.22~11 | 0.66~6.6 | 0.0594~0.396 |

F　电积工序

电积工序主要废水产生点为电解槽出槽挟带液、泡板槽带锌板出槽挟带液、泡板槽光板出槽挟带液、泡板槽泡板水、冲洗地面水等。电解工序的废水主要来源于洗板水和地面洒落水，其中洗板水为排水最大点位。平均废水产生量（以产锌计）：0.165~0.33m³/t。

电积工序废水水污染物等标污染负荷见表1-39。

**表1-39　电积工序废水水污染物等标污染负荷**

| 特征污染物 | Hg | Pb | Zn | Cu | Cd | As | F | Cl |
|---|---|---|---|---|---|---|---|---|
| 浓度范围/mg·L⁻¹ | 0.001~0.1 | 0.5~20 | 20~860 | 0.1~5 | 2~20 | 0.1~15 | 2~80 | 20~250 |
| 等标污染负荷（以产锌计）/m³·t⁻¹ | 0.0088~0.88 | 2.64~105.6 | 3.52~151.36 | 0.0528~2.64 | 10.56~105.6 | 0.088~13.2 | 0.07~2.64 | 0.01~0.13 |

G　熔铸工序

平均废水产生量（以产锌计）：0~0.165m³/t。

熔铸工序水污染物等标污染负荷见表1-40。

**表1-40　熔铸工序水污染物等标污染负荷**

| 特征污染物 | Hg | Pb | Zn | Cu | Cd | As | F | Cl |
|---|---|---|---|---|---|---|---|---|
| 浓度范围/mg·L⁻¹ | 0.00001~0.0005 | 0.005~0.01 | 0.002~0.5 | 0.005~0.5 | 0.0005~0.001 | 0.005~0.1 | 1.5~20 | 100~450 |
| 等标污染负荷（以产锌计）/m³·t⁻¹ | 0.0001~0.0028 | 0.0165~0.033 | 0.0002~0.055 | 0.0017~0.165 | 0.0017~0.0033 | 0.0028~0.055 | 0.03~0.4125 | 0.033~0.1485 |

H　各工序总等标污染负荷、负荷比

根据计算结果可知，常规焙烧浸出工艺各工序等标污染负荷最大为制酸工序，其次分别为浸出、净化、电积、焙烧、备料、熔铸。

常规焙烧工艺各工序总等标污染负荷及负荷比见表1-41。

**表1-41　常规焙烧工艺各工序总等标污染负荷及负荷比**

| 工序 | 各工序总等标污染负荷（以产锌计）/m³·t⁻¹ | 各工序等标污染负荷比/% | 累积负荷比/% | 产污系数（以产锌计）/m³·t⁻¹ |
|---|---|---|---|---|
| 制酸工序 | 633.666~4640.170 | 72.2307~55.2941 | | 0.33~0.495 |
| 浸出工序 | 115.253~1743.896 | 13.1375~20.7810 | 76.0751~85.3681 | 0.165~0.66 |
| 净化工序 | 111.093~1619.596 | 12.6634~19.2998 | 95.3749~98.0315 | 0.165~0.66 |

| 工序 | 各工序总等标污染负荷（以产锌计）/m³·t⁻¹ | 各工序等标污染负荷比/% | 累积负荷比/% | 产污系数（以产锌计）/m³·t⁻¹ |
|---|---|---|---|---|
| 电积工序 | 16.946~382.052 | 1.9317~4.5527 | 99.9276~99.9632 | 0.165~0.33 |
| 焙烧工序 | 0.215~4.208 | 0.0245~0.0501 | 99.9777~99.9877 | 0.396~0.594 |
| 备料工序 | 0.021~0.996 | 0.00245~0.01187 | 99.9896~99.9901 | 0~0.0495 |
| 熔铸工序 | 0.087~0.875 | 0.00989~0.01043 | 100.000 | 0~0.165 |
| 合计 | 877.28~8391.79 | 100 | | 1.221~2.9535 |

**I 各污染物总等标污染负荷、负荷比**

同理，对某一污染物在常规焙烧浸出过程中各个工序的等标污染负荷累计求和，计算总等标污染负荷、负荷比，考察主要污染物。根据结果，总镉的等标污染负荷最高，占16.251%~35.868%。

常规焙烧浸出工艺各污染物总等标污染负荷及负荷比见表1-42。

**表 1-42 常规焙烧浸出工艺各污染物总等标污染负荷及负荷比**

| 特征污染物 | 各污染物总等标污染负荷（以产锌计）/m³·t⁻¹ | 各污染物等标污染负荷比/% | 累积负荷比/% | 各污染物产污系数（以产锌计）/g·t⁻¹ |
|---|---|---|---|---|
| Cd | 142.567~3010.00 | 16.251~35.868 | | 7.13~150.50 |
| Pb | 174.311~2059.342 | 19.869~24.540 | 36.120~60.408 | 8.72~102.97 |
| As | 396.539~1784.354 | 21.263~45.201 | 81.321~81.671 | 118.96~535.31 |
| Zn | 122.324~1086.525 | 12.947~13.944 | 94.619~95.265 | 183.49~1629.79 |
| Hg | 6.655~287.048 | 0.759~3.421 | 96.024~98.039 | 0.20~8.61 |
| F | 26.022~113.314 | 1.350~2.966 | 98.990~99.390 | 208.17~906.51 |
| Cu | 8.244~46.91 | 0.559~0.940 | 99.929~99.949 | 4.12~23.45 |
| Cl | 0.619~4.299 | 0.051~0.071 | 100.000 | 309.71~2149.95 |
| 合计 | 877.281~8391.792 | 100.000 | | 840.49~5507.09 |

### 1.2.3.2 氧压直接浸出工艺

**A 备料工序**

备料工序平均废水产生量（以产锌计）：0~0.0495m³/t。污染负荷见表1-43。

表 1-43　备料工序废水水污染物等标污染负荷

| 特征污染物 | Hg | Pb | Zn | Cu | Cd | As | F | Cl |
|---|---|---|---|---|---|---|---|---|
| 浓度范围/mg·L⁻¹ | 0.0001~0.05 | 0.005~0.5 | 0.01~20 | 0.005~0.5 | 0.0005~0.001 | 0.005~0.3 | 1.5~20 | 50~200 |
| 等标污染负荷(以产锌计)/m³·t⁻¹ | 0.0002~0.0825 | 0.005~0.495 | 0.0003~0.66 | 0.0005~0.0495 | 0.0005~0.001 | 0.0008~0.049 | 0.009~0.124 | 0.005~0.02 |

### B　浸出工序

氧压浸出工序平均废水产生量（以产锌计）：1.32~2.64m³/t。

浸出工序废水污染物等标污染负荷见表 1-44。

表 1-44　浸出工序废水污染物等标污染负荷

| 特征污染物 | Hg | Pb | Zn | Cu | Cd | As | F | Cl |
|---|---|---|---|---|---|---|---|---|
| 浓度范围/mg·L⁻¹ | 0.001~0.5 | 5~50 | 50~1000 | 0.1~10 | 2~50 | 20~500 | 5~40 | 50~300 |
| 等标污染负荷(以产锌计)/m³·t⁻¹ | 0.066~33 | 198~1980 | 52.8~1320 | 0.396~19.8 | 396~7920 | 0.66~330 | 1.98~19.8 | 0.178~1.98 |

### C　焙烧制酸工序

焙烧制酸工序污酸废水平均产生量（以产锌计）：0.033~0.099m³/t。

焙烧制酸工序污酸废水污染物等标污染负荷见表 1-45。

表 1-45　焙烧制酸工序污酸废水污染物等标污染负荷

| 特征污染物 | Hg | Pb | Zn | Cu | Cd | As | F | Cl |
|---|---|---|---|---|---|---|---|---|
| 浓度范围/mg·L⁻¹ | 0.5~100 | 5~40 | 200~1000 | 5~20 | 2~60 | 200~800 | 400~2000 | 300~2600 |
| 等标污染负荷(以产锌计)/m³·t⁻¹ | 0.0022~0.22 | 0.66~26.4 | 0.88~39.6 | 0.013~0.66 | 2.64~26.4 | 0.022~4.4 | 0.0165~0.495 | 0.0026~0.04 |

### D　净化工序

净化工序平均废水产生量（以产锌计）：0.66~1.98m³/t。

净化工序废水污染物等标污染负荷见表 1-46。

**表1-46　净化工序废水污染物等标污染负荷**

| 特征污染物 | Hg | Pb | Zn | Cu | Cd | As | F | Cl |
|---|---|---|---|---|---|---|---|---|
| 浓度范围/mg·L⁻¹ | 0.001~0.5 | 5~50 | 40~1000 | 0.1~5 | 10~200 | 0.1~50 | 8~80 | 45~500 |
| 等标污染负荷<br>(以产锌计)/m³·t⁻¹ | 0.066~6.6 | 19.8~<br>792 | 26.4~<br>1188 | 0.396~<br>19.8 | 79.2~<br>792 | 0.66~<br>132 | 0.495~<br>14.85 | 0.079~<br>1.188 |

### E　电积工序

电积工序的废水主要来源于洗板水和地面洒落水，其中洗板水为排水最大点位，平均废水产生量（以产锌计）：0.165~0.66m³/t。

电积工序废水污染物等标污染负荷见表1-47。

**表1-47　电积工序废水污染物等标污染负荷**

| 特征污染物 | Hg | Pb | Zn | Cu | Cd | As | F | Cl |
|---|---|---|---|---|---|---|---|---|
| 浓度范围/mg·L⁻¹ | 0.001~0.1 | 0.5~20 | 20~900 | 0.1~5 | 2~20 | 0.1~20 | 2~60 | 20~300 |
| 等标污染负荷<br>(以产锌计)/m³·t⁻¹ | 0.01~0.88 | 2.64~<br>105.6 | 3.52~<br>158.4 | 0.05~<br>2.64 | 10.56~<br>105.6 | 0.1~<br>17.6 | 0.07~<br>1.98 | 0.0106~<br>0.1584 |

### F　熔铸工序

熔铸工序平均废水量（以产锌计）：0~0.165m³/t。

熔铸工序废水污染物等标污染负荷见表1-48。

**表1-48　熔铸工序废水污染物等标污染负荷**

| 特征污染物 | Hg | Pb | Zn | Cu | Cd | As | F | Cl |
|---|---|---|---|---|---|---|---|---|
| 浓度范围/mg·L⁻¹ | 0.00001~<br>0.0005 | 0.005~<br>0.01 | 0.002~<br>0.5 | 0.005~<br>0.01 | 0.0005~<br>0.001 | 0.005~<br>0.1 | 1.5~10 | 100~450 |
| 等标污染负荷<br>(以产锌计)/m³·t⁻¹ | 0.00003~<br>0.0017 | 0.0099~<br>0.0198 | 0.0001~<br>0.0330 | 0.0010~<br>0.0020 | 0.0010~<br>0.0020 | 0.0017~<br>0.0330 | 0.0186~<br>0.1238 | 0.0198~<br>0.0891 |

### G　各工序总等标污染负荷及负荷比

采用等标污染负荷法对氧压直接浸出工艺全过程废水进行解析，计算各工序的等标污染负荷和污染负荷比，结果见表1-49，按等标污染负荷的大小排序，从大到小的顺序为：浸出>净化>电积>焙烧制酸>备料>熔铸。

表 1-49　氧压直接浸出各工序污染物总等标污染负荷及负荷比

| 工序 | 各工序总等标污染负荷（以产锌计）/m³·t⁻¹ | 各工序等标污染负荷比/% | 累积负荷比/% | 产污系数（以产锌计）/m³·t⁻¹ |
|---|---|---|---|---|
| 浸出工序 | 650.080~11624.580 | 77.1686~81.4195 | | 1.32~2.64 |
| 净化工序 | 127.096~2946.438 | 15.9182~19.5596 | 96.7282~97.3378 | 0.66~1.98 |
| 电积工序 | 16.946~392.858 | 2.1224~2.6080 | 99.3362~99.4602 | 0.165~0.66 |
| 焙烧制酸工序 | 4.237~98.215 | 0.5306~0.6520 | 99.9881~99.9908 | 0.033~0.099 |
| 备料工序 | 0.021~1.481 | 0.00269~0.00983 | 99.9935~99.9980 | 0~0.0495 |
| 熔铸工序 | 0.052~0.304 | 0.00202~0.00652 | 100.0000 | 0~0.165 |
| 合计 | 798.433~15063.8763 | 100.00 | | 2.178~5.5935 |

**H　各污染物总等标污染负荷及负荷比**

对某一污染物在氧压直接浸出过程中各个工序的等标污染负荷累计求和，计算总等标污染负荷、负荷比，考察主要污染物。根据结果，总镉的等标污染负荷最高，占 58.919%~61.164%。

各污染物总等标污染负荷及负荷比见表 1-50。

表 1-50　各污染物总等标污染负荷及负荷比

| 特征污染物 | 各污染物总等标污染负荷（以产锌计）/m³·t⁻¹ | 各污染物等标污染负荷比/% | 累积负荷比/% | 各污染物产污系数（以产锌计）/g·t⁻¹ |
|---|---|---|---|---|
| Cd | 485.7615~8817.603 | 58.919~61.164 | | 24.42~442.20 |
| Pb | 220.455~2878.115 | 19.231~27.758 | 78.150~88.922 | 11.06~145.23 |
| Zn | 82.721~2667.093 | 10.416~17.821 | 95.972~99.338 | 125.40~4060.04 |
| As | 1.411~479.683 | 0.178~3.205 | 99.177~99.515 | 0.43~145.22 |
| Cu | 0.846~42.292 | 0.107~0.283 | 99.460~99.622 | 0.43~21.48 |
| Hg | 0.141~40.564 | 0.018~0.271 | 99.640~99.731 | 0.004~1.22 |
| F | 2.569~36.878 | 0.246~0.323 | 99.963~99.977 | 20.68~298.98 |
| Cl | 0.293~3.435 | 0.023~0.037 | 100.000 | 147.68~1737.45 |
| 合计 | 794.196~14965.662 | 100.000 | | 330.10~6851.82 |

通过采用等标污染负荷的源解析方法对有色金属（铜、铅、锌）行业全过程废水污染源进行科学解析，发现有色金属（铜、铅、锌）行业的主要污染工序为污酸废水，污染负荷占整个全厂废水产排污负荷的 90% 以上。铜火法冶炼主要重金属污染物为总砷

（90.19%~92.44%）和总铜（3.05%~4.84%）；基夫赛特铅冶炼主要重金属污染物为总砷（69.49%~86.44%）、总镉（0.28%~17.19%）、总汞（1.04%~4.36%）；SKS铅冶炼主要重金属污染物为总砷（63.13%~85.13%）、总镉（0.57%~22.97%）、总铅（4.39%~7.81%）；常规焙烧浸出锌冶炼主要重金属污染物为总镉（16.25%~35.89%）、总铅（19.87%~25.54%）、总砷（21.26%~45.20%）；直接浸出锌冶炼主要重金属污染物为总镉（58.92%~61.16%）、总铅（19.23%~27.76%）、总锌（10.42%~17.82%）。

## 1.2.4　有色行业水污染危害及控制必要性

### 1.2.4.1　行业水污染危害

冶炼过程中水污染的最主要问题是产生的废水中含有大量铅、砷、铜、镉、锌、汞等重金属离子、硫酸根离子（摩尔分数一般可达1500mg/L或以上）。重金属元素可通过食物链产生富集，或转换生物分子中必需的金属离子，亦可通过改变生物分子构象，致癌致畸。重金属污染具有不可降解性、生物累积性、污染的不可逆性。含重金属废水排放到环境中，重金属只改变形态或被转移、稀释、累积，不能被降解，危害人体健康和环境。

近年来，国内外发生多起重金属污染事件，国内如湖南嘉禾、河南济源、湖南浏阳、广东河源、甘肃徽县、浙江德清、陕西汉中等地的一系列涉重金属污染事件，反映了我国有色行业重金属污染防治与可持续发展水平迫切需要提高。尽管近年来许多企业对冶炼工艺、末端水污染治理工艺进行了技术升级，但冶炼行业环境污染问题仍然突出，污染防治工作要持续推进。

### 1.2.4.2　行业水污染控制必要性

（1）建设资源节约型社会与生态环境效益的双重需求。我国水资源十分短缺，据统计，我国人均水资源只有世界平均水平的1/4，而我国工业用水量约占全国用水量21%，水资源供需矛盾十分突出；同时，产量位居世界第一的有色金属行业在源源不断地排放出重金属汞、砷、镉等，对现有水资源污染破坏非常严重，影响居民生活饮用水安全。目前资源短缺、生态环境恶化等问题越来越突出。

（2）行业绿色发展的战略要求。有色金属行业是国家环保部门重点监管的生产领域。目前很多有色金属项目在环境评价阶段就被要求生产废水不外排，即"零排放"。要实现这一目标，必须采用新水消耗量少的节水型生产工艺，从源头开始节水减排。要在企业内部加大污水处理力度，深度净化，提高冶炼厂的水重复利用率，使废水减量化、资源化。另外还需要对工艺用水的水质、水量进行充分分析，合理利用水资源，加强管理，限制水的无序排放和降低漏损量，达到节水的目的。

目前国家对有色企业在节能、环保方面的要求越来越严格，国家发展改革委、国家生态环境部陆续颁布了行业准入政策、清洁生产标准和污染物排放标准。为贯彻执行国家相关的方针政策，做好水平衡、合理利用水资源、节水减排、减少污染、提高用水效率，必须要制定出相关标准，用以规范行业用水行为、指导设计，建设清洁生产型、节水型企业，建立起适用于我国有色金属行业行之有效的节水体系。

### 1.2.5　行业水污染控制面临的问题

#### 1.2.5.1　冶炼企业亟须全面提升污染防治水平

环保问题直接影响企业生产效率及发展，如某冶炼厂湿法电解锌过程中硅氟酸的无组织排放，危害车间工作人员健康，腐蚀厂房及设备；冶炼废水处理后产生的硫酸钠渣大量堆积，尚未得到有效的处理处置；废水处理没有实现清污分流和雨污分流，排水沟渠和排污管道设施不完善，电解废液、设备冷却水等各种工业废水混杂，废水处理设施不完善，处理能力不足，导致外排废水不能稳定达标，净化水质不能满足生产要求。因此，未雨绸缪，开展企业环境综合整治，实施防范政策于未然，是保障企业可持续发展的生命线。

#### 1.2.5.2　污酸废水处理技术亟须升级

冶炼产生的污酸废水，排放的主要污染物为砷、镉、汞，还含有高浓度的铅和铊离子，阴离子主要为氟、氯离子。污酸废水具有酸度高、波动大、污染物种类多、重金属离子浓度高、重金属形态复杂等特点，是目前冶炼厂酸性重金属废水的主要来源。国内外开发的污酸废水处理技术主要针对其中的砷，采用硫化沉淀法脱铜砷，再用石灰中和脱除其他重金属离子，产生大量砷滤饼及中和渣，资源化利用难，且二次污染极为严重；亟须开发先进、高效的冶炼烟气洗涤污酸废水的处理与资源化利用技术，解决我国有色金属冶炼及环保行业当前面临的重大难题和技术瓶颈。

## 1.3　有色金属冶炼行业水污染防治政策

### 1.3.1　我国相关法律法规、排放标准、技术政策

#### 1.3.1.1　法律法规

对于废水污染的防治，我国的环境保护法、水污染防治法等立法中均有涉及。针对有色冶炼行业的污染现状，我国制定了一系列的行业政策、法规和标准。

目前，颁布的涉重金属污染防控相关的法律法规见表1-51。

表1-51　涉重金属污染防控部分法律法规

| 类别 | 文件名称 | 文号或分类号 | 文件来源 | 施行时间 |
|---|---|---|---|---|
| 法律法规 | 《中华人民共和国环境保护法》 | 中华人民共和国主席令第9号 | 第十二届全国人民代表大会常务委员会第八次会议 | 2015年1月1日 |
| | 《中华人民共和国水污染防治法》 | 中华人民共和国主席令第70号 | 第十二届全国人民代表大会常务委员会第二十八次会议 | 2018年1月1日 |

| 类别 | 文件名称 | 文号或分类号 | 文件来源 | 施行时间 |
|------|----------|--------------|----------|----------|
| 法律<br>法规 | 《中华人民共和国清洁生产促进法》 | 中华人民共和国主席令<br>第 54 号 | 第十一届全国人民<br>代表大会常务委员<br>会第二十五次会议 | 2012 年 7 月 1 日 |

### 1.3.1.2　国家相关决定、通知和意见

《国务院关于发布实施〈促进产业结构调整暂行规定〉的决定》（国发〔2005〕40号）

《国务院关于印发节能减排综合性工作方案的通知》（国发〔2007〕15 号）

《国务院批转发展改革委等部门关于抑制部分行业产能过剩和重复建设引导产业健康发展若干意见的通知》（国发〔2009〕38 号）

《关于抑制部分行业产能过剩和重复建设引导产业健康发展的若干意见》（国发〔2009〕38 号）

《关于加强重金属污染防治工作指导意见的通知》（国办发〔2009〕61 号）

《国务院关于进一步加强淘汰落后产能工作的通知》（国发〔2010〕7 号）

《关于有色金属工业节能减排的指导意见》（工信部节〔2013〕56 号）

《国务院关于印发水污染防治行动计划的通知》（国发〔2015〕17 号）

《工业和信息化部关于印发坚决打好工业和通信业污染防治攻坚战三年行动计划的通知》（工信部节〔2018〕136 号）

《关于构建现代环境治理体系的指导意见》（2020 年第 7 号）

### 1.3.1.3　污染防治标准

我国首个相关工业污染物排放标准颁布于 1973 年，标准命名为《工业企业"三废"排放试行标准》（GB J4—1973），该标准对重金属和其他有害物质的排放量进行了规定，促进了冶金行业的环境保护工作。1985 年，国内第一个有色金属行业污染物排放标准《重有色金属工业污染物排放标准》（GB 4913—1985）颁布，针对包括铜、铅、锌冶炼企业提出了工业用水循环利用率和工业废水最高容许排放标准化值。1996 年，涉有色金属冶炼行业重金属污染企业统一执行《大气污染物综合排放标准》（GB 16297—1996）、《工业炉窑大气污染物排放标准》（GB 9078—1996）和《污水综合排放标准》（GB 8978—1996）。2010 年，为适应有色行业污染防治特征和要求，国家环保部门同时发布实施了《铅、锌工业污染物排放标准》（GB 25466—2010）、《铜、镍、钴工业污染物排放标准》（GB 25467—2010）。

行业排放标准的发展历程反映了我国对有色金属冶炼行业污染物，特别是重金属污染治理思路的转变与发展。自 1973 年至今，有色金属冶炼行业执行的排放标准基本以 10 年为一个阶段，共经历了 4 次较大的修订，见表 1-52。

表 1-52　涉铜、铅、锌冶炼行业污染排放标准变更历程

| 时间 | 1973~1985 年 | 1985~1997 年 | 1997~2010 年 | 2010 年至今 |
|---|---|---|---|---|
| 变更的标准名称 | GBJ 4—1973《工业企业"三废"排放试行标准》 | GB 4913—1985《重有色金属工业污染物排放标准》（废止）<br>GB 5085—1985《有色金属工业固体废物污染控制标准》<br>GB 5086—1985《有色金属工业固体废物浸出毒性试验方法标准》<br>GB 5087—1985《有色金属工业固体废物腐蚀性试验方法标准》<br>GB 5088—1985《有色金属工业固体废物急性初筛试验方法标准》 | GB 16297—1996《大气污染物综合排放标准》<br>GB 9078—1996《工业炉窑大气污染物排放标准》<br>GB 8978—1996《污水综合排放标准》<br>GB 3838—2002《地表水环境质量标准》<br>GB 25467—2010《铜、镍、钴工业污染物排放标准》<br>GB 25467—2010 及修改单《铜、镍、钴工业污染物排放标准》<br>GB 18599—2001《一般工业固体废物贮存、处置场污染控制标准》<br>GB 18597—2001《危险废物贮存污染控制标准》<br>GB 18598—2001《危险废物填埋污染控制标准》<br>GB 5085.1~3—2007《危险废物鉴别标准》<br>《国家危险废物名录》(2008 第 1 号令)<br>《国家危险固废名录(2021 年版)》 | GB 25466—2010《铅、锌工业污染物排放标准》<br>GB 25466—2010《铅、锌工业污染物排放标准》修改单<br>GB 25466—2010《铅、锌工业污染物排放标准》表 3 特别排放标准限值<br>HJ 2015—2012《水污染治理工程技术导则》<br>HJ 863.3—2017《排污许可证申请与核发技术规范 有色金属工业-铜冶炼》<br>HJ 863.1—2017《排污许可证申请与核发技术规范 有色金属工业-铅锌冶炼》<br>HJ 983—2018《污染源源强核算技术指南 有色金属冶炼》<br>HJ 989—2018《排污单位自行监测技术指南有色金属工业》<br>GB 18599—2020《一般工业固体废物贮存和填埋污染控制标准》 |

　　目前，国家对有色金属冶炼行业的重金属污染治理，完成了从整体到单独，从综合到行业，从行业到地方，从单一到多种的变更，环境管理思路从末端治理转变为源头控制直至污染防治的综合防控转化，最终形成了在源头、过程、末端分别以行业准入、先进技术、排放标准为抓手的重金属污染防控体系。

### 1.3.1.4　发展规划

　　近十年来，国务院和国家工业和信息化部相继发布了有色金属工业专项规划和重金属污染防控相关规划。《"十三五"生态环境保护规划》中对有色金属等重点行业提出了专项技术改造、行业达标排放改造、多污染物实施协同控制、重金属综合整治示范等规划目标和要求。涉铜、铅、锌冶炼行业重金属污染防控规划见表 1-53。

表 1-53 涉铜、铅、锌冶炼行业重金属污染防控规划

| 规划名称 | 发布时间 | 发布机构 | 对冶炼行业重金属污染防控的相关要求 |
|---|---|---|---|
| 《"十三五"生态环境保护规划》 | 2016 年 11 月 | 国务院 | 2018 年底前,工业企业要进一步规范排污口设置,编制年度排污状况报告;2019 年底前,建立全国工业企业环境监管信息平台。<br>建立分行业污染治理实用技术公开遴选与推广应用机制,发布重点行业污染治理技术 |
| 《有色金属工业发展规划(2016—2020 年)》 | 2016 年 9 月 | 中华人民共和国工业和信息化部 | 技术创新:资源综合利用等基础共性技术和产业化技术实现突破。<br>绿色发展:重金属污染得到有效防控,企业实现稳定、达标排放。矿山尾砂、熔炼渣等固废综合利用水平不断提高 |
| 《有色金属工业"十二五"发展规划》 | 2011 年 12 月 | 中华人民共和国工业和信息化部 | 2015 年,铅锌产量分别控制在 550 万吨、720 万吨;2015 年,铅、锌冶炼产量前 10 的企业占全国的比例为 60%;重金属污染得到有效防控,2015 年重点区域重金属污染物排放量比 2007 年减少 15%。推广富氧底吹熔炼、液态铅渣直接还原炼铅工艺等先进技术,加快对落后的熔炼、鼓风炉还原等工艺进行技术升级改造;规定了铅锌冶炼行业的落后产能淘汰目录 |
| 《有色金属产业调整和振兴规划》 | 2009 年 5 月 | 国务院 | 提出 2009 年淘汰落后铅冶炼产能 60 万吨,粗铅冶炼综合能耗(以标煤计)低于 380kg/t 标准煤等规划目标,并提出严格控制资源、能源和环境容量不具备条件地区的有色金属产能。规划期为 2009~2011 年 |
| 《重金属污染综合防治"十二五"规划》 | 2011 年 2 月 | 国务院 | 到 2015 年建立起比较完善的重金属污染防治体系、事故应急体系和环境与健康风险评估体系,解决一批损害群众健康的突出问题;进一步优化重金属相关产业结构,基本遏制住突发性重金属污染事件高发态势;重点区域重点重金属污染物排放量比 2007 年减少 15%,非重点区域重点重金属污染物排放量不超过 2007 年水平,重金属污染得到有效控制 |

其中,《重金属污染综合防治"十二五"规划》首次将重金属污染物纳入总量控制指标,涉及重点行业、重点区域、重点重金属污染物(铅、汞、镉、铬和类金属砷),共淘汰铜、铅、锌冶炼产能总计约 755 万吨,涉及的重金属突发环境事件明显下降。

### 1.3.1.5 产业政策和技术规范

产业政策可以通过淘汰落后产能、改进生产工艺的方式,实现优化产业结构、促进污染物减排,是引导、促进有色行业绿色发展的有效手段。

2014 年 4 月 28 日,国家发布《铅冶炼企业单位产品能源消耗限额》(GB 21250—2014),对以铅精矿、粗铅为原料的铅冶炼企业,和以粗铅为原料的铅电解精炼企业,规

定了单位产品能源消耗的计算、考核标准，以及对新建项目的能耗控制标准。

2019 年 9 月，国家工业和信息化部正式发布新版《铜冶炼行业规范条件》，该规范条件注重引导行业绿色、智慧、创新、产业融合实现可持续性、高质量发展。

2020 年 3 月 3 日，工业和信息化部发布《铅锌行业规范条件》（2020 年第 7 号），自 2020 年 3 月 30 日起施行，2015 年 3 月 16 日公布的《铅锌行业规范条件》（中华人民共和国工业和信息化部公告 2015 年第 20 号）同时废止。该规范条件主体面向已建成的铅锌企业；取消企业生产规模限制；对采选冶炼生产能耗及回收率提出了更高的要求；鼓励企业铜、铅、锌冶炼的协同生产，提高资源综合利用率；提出湿法炼锌企业需配套相应的浸出渣无害化处理系统及硫渣处理设施；鼓励锌冶炼企业搭配处理锌氧化矿及含锌二次资源，实现资源综合利用；鼓励有条件的企业开展智慧矿山、智能工厂建设。

目前发布的涉铜、铅、锌冶炼行业产业政策和设计规范见表 1-54。

**表 1-54　涉及铜、铅、锌产业政策和设计规范**

| 类别 | 文件名称 | 发布时间 | 发布机构 | 对冶炼行业重金属污染防控的相关要求 |
|---|---|---|---|---|
| 产业政策 | 《产业结构调整指导目录（2019 年本）》 | 2019 年 10 月 | 国家发展和改革委员会 | 提高限制和淘汰标准，新增或修改限制类、淘汰类条目近 100 条 |
| | 《铜冶炼行业规范条件》（2019 年第 35 号公告） | 2019 年 9 月 4 日 | 中华人民共和国工业和信息化部 | 适用于已建成投产利用铜精矿和含铜二次资源的铜冶炼企业，从质量、工艺和装备、能源消耗、资源综合利用、环境保护、安全生产与职业病防治、规范管理等方面提出了准入要求。原《铜冶炼行业规范条件》（中华人民共和国工业和信息化部公告 2014 年第 29 号）同时废止 |
| | 《铅锌行业规范条件》（2020 年第 7 号） | 2020 年 3 月 3 日 | 中华人民共和国工业和信息化部 | 适用于已建成投产的铅锌矿山及利用铅、锌精矿和二次资源为原料的铅锌冶炼企业（不包含单独利用废旧铅蓄电池等含铅废料生产的再生铅企业），是促进行业技术进步和规范发展的引导性文件，不具有行政审批的前置性和强制性。规范条件自 2020 年 3 月 30 日起施行。2015 年 3 月 16 日公布的《铅锌行业规范条件》（中华人民共和国工业和信息化部公告 2015 年第 20 号）同时废止。该规范条件发布前已公告的企业，如需继续列入公告名单应提出申请，按照该规范条件新修订的内容进行复验 |

续表 1-54

| 类别 | 文件名称 | 发布时间 | 发布机构 | 对冶炼行业重金属污染防控的相关要求 |
|------|----------|----------|----------|-----------------------------------|
| 产业政策 | 《铅锌行业规范化条件(2015)》(2015年第20号)(废止) | 2015年3月 | 中华人民共和国工业和信息化部 | 对铅锌冶炼企业的布局、生产规模、质量、工艺和装备、能源消耗、资源消耗及综合利用、环境保护、安全生产与职业病防治、规范管理等方面提出了准入要求。原《铅锌行业准入条件(2007)》废止 |
| | 《部分工业行业淘汰落后生产工艺装备和产品指导目录(2010年)》 | 2010年12月 | 中华人民共和国工业和信息化部 | 提出淘汰落后炼铅工艺及设备名录 |
| | 《产业结构调整指导目录(2011年)》(修正)(废止) | 2011年3月 | 国家发展和改革委员会 | 分别提出冶炼行业鼓励类、限制类和淘汰类的技术名录 |
| | GB 21250—2014《铅冶炼企业单位产品能源消耗限额》 | 2014年 | 国家质量监督检验检疫总局 | 规定了铅冶炼企业产品能源消耗限额的技术要求及节能管理与措施 |
| 设计规范 | GB 50988—2014《有色金属工业环境保护设计技术规范》 | 2014年4月 | 国家发展和改革委员会 | 从清洁生产,大气、水、固体废物污染防治,生态环境保护与水土保持等方面提出铅锌等有色金属工业环境保护的设计技术规范 |

### 1.3.1.6 技术指南

除行业准入制度外,推进技术进步也是促进冶炼行业发展方式转变的另一有力手段。通过工艺的改造升级、生产过程中的污染预防等方式实现污染物过程减排的目的。涉铜、铅、锌清洁生产、技术政策、技术指南、技术规范及对行业重金属污染防控的相关要求见表1-55。

**表1-55 涉铜、铅、锌清洁生产、技术政策、技术指南、技术规范**

| 类别 | 文件名称 | 发布时间 | 发布机构 | 对行业重金属污染防控的相关要求 |
|------|----------|----------|----------|-------------------------------|
| 清洁生产 | HJ 558—2010《清洁生产标准 铜冶炼业》 | 2010年2月 | 环境保护部 | 标准给出了铜冶炼企业生产过程中清洁生产水平的三级指标 |

| 类别 | 文件名称 | 发布时间 | 发布机构 | 对行业重金属污染防控的相关要求 |
|---|---|---|---|---|
| 清洁生产 | HJ 559—2010《清洁生产标准 铜电解业》 | 2010 年 2 月 | 环境保护部 | 提出了铜电解企业清洁生产的一般要求 |
| | HJ 512—2009《清洁生产标准 粗铅冶炼业》HJ 513—2009《清洁生产标准 铅电解业》 | 2009 年 11 月 | 环境保护部 | 从生产工艺与装备要求、资源能源利用、产品、污染物产生、废物回收利用、环境管理等方面分别给出粗铅冶炼、铅电解企业清洁生产水平的三级技术指标 |
| | 《铅锌行业清洁生产评价指标体系(试行)》 | 2007 年 4 月 | 国家发展和改革委员会 | 用于评价有色金属工业铅、锌行业的清洁生产水平，是创建清洁生产先进企业的主要依据，为企业推行清洁生产提供技术指导 |
| | GB 20424—2006《重金属精矿产品中有害元素的限量规范》 | 2006 年 | 国家质量监督检验检疫总局 | 对冶炼原材料铅精矿产品中所含有害元素的含量限值进行了规定（As≤0.7%，Hg≤0.05%） |
| | 《锌冶炼行业清洁生产评价指标体系》 | 2019 年第 8 号 | 国家发展和改革委员会、生态环境部、工业和信息化部 | 规定了锌冶炼生产企业清洁生产的一般要求。将清洁生产指标分为 6 类，即生产工艺及装备指标、资源能源消耗指标、资源综合利用指标、污染物产生指标、产品特征指标和清洁生产管理要求 |
| | 《铅冶炼清洁生产评价指标体系》 | 2019 年 7 月 12 日公开征求意见 | 国家发展和改革委员会 | — |
| | 《铜冶炼行业清洁生产评价指标体系》 | 2019 年 7 月 12 日公开征求意见 | 国家发展和改革委员会 | — |
| | 《铅锌冶炼工业污染防治技术政策》(环境保护部公告 2012 年第 18 号) | 2012 年 2 月 | 环境保护部 | 提出了鼓励铅锌冶炼企业采用的工艺以及三废的治理方式和技术 |

| 类别 | 文件名称 | 发布时间 | 发布机构 | 对行业重金属污染防控的相关要求 |
|------|---------|---------|---------|---------------------------|
| 技术政策 | 《砷污染防治技术政策》 | 2015 年 12 月 24 日 | 环境保护部 | 提出有色金属含砷矿石采选与冶炼等涉砷行业清洁生产、污染治理、综合利用、二次污染防治以及新技术研发等内容 |
| | 铜、钴、镍采选冶炼工业污染物防治技术政策 | | 正在编制 | |
| 技术指南 | 《铜冶炼污染防治最佳可行技术指南（试行)》 | — | — | 适用于铜冶炼企业或具有铜冶炼工艺的生产企业 |
| | HJ—BAT—7《铅冶炼污染防治最佳可行技术指南（试行）》 | 2011 年 12 月 | 环境保护部 | 适用于以铅精矿、铅锌混合精矿为主要原料的铅冶炼企业。确定了工艺过程污染预防、大气污染治理、废酸及酸性废水治理、固体废物综合利用及处理处置最佳可行技术以及最佳环境管理实践 |
| | HJ 989—2018《排污单位自行监测技术指南 有色金属工业》 | 2018 年 12 月 4 日 | 生态环境部 | 提出了有色金属（铝、铅、锌、铜、镍、钴、镁、钛、锡、锑、汞）工业冶炼排污单位自行监测的一般要求、监测方案制定、信息记录和报告的基本内容及要求 |
| 技术规范 | HJ 863.1—2017《排污许可证申请与核发技术规范 有色金属工业——铅锌冶炼》 | 2017 年 9 月 29 日 | 环境保护部 | 规定了铅锌冶炼排污单位排污许可证申请与核发的基本情况填报要求、许可排放限值确定、实际排放量核算、合规判定的方法以及自行监测、环境管理台账与排污许可证执行报告等环境管理要求，提出了铅锌冶炼行业污染防治可行技术要求 |
| | HJ 863.3—2017《排污许可证申请与核发技术规范 有色金属工业——铜冶炼》 | 2017 年 9 月 29 日 | 环境保护部 | 规定铜冶炼排污单位排污许可证申请与核发的基本情况填报要求、许可排放限值确定和实际排放核算方法、合规判定方法以及自行监测、环境管理台账与排污许可证执行报告等环境管理要求，提出了铜冶炼行业污染防治可行技术及运行管理要求 |

### 1.3.2　欧美相关法律法规、排放标准、技术政策

针对环境污染问题，1872 年，美国最早的环保法《黄石国家公园法》（Yellowstone National Park Act）颁布，后续又相继发布了《水污染物控制法》（Water Pollution Control Act）、《清洁空气法》（Clean Air Act）、《国家环境政策法》（National Environmental Policy Act）、《清洁水法》（Clean Water Act）、《安全饮用水法》（Safe Drinking Water Act of 1974）、《资源保护与回收法》（Resource Conservation and Recovery Act of 1976）、《有毒物质控制法》（Toxic Substance Control Act of 1976）等法律并创建了"环境保护局"。

根据当时技术工艺条件和排放水体，美国制定了不同的水污染物排放限值。《清洁水法》更是规定了 129 种优先控制污染物，13 种金属（锑、砷、铍、镉、铬、铜、铅、汞、镍、硒、银、铊、锌等）及类金属列入优先控制污染物清单。针对有色金属制造业专门制定了"有色金属制造废水排放指南与标准（Nonferrous Metals Manufacturing Effluent Guidelines and Standards）"。

部分欧洲国家有色金属工业污染物排放限值见表 1-56。

表 1-56　欧洲国家有色金属工业水污染物（部分）排放限值

| 污染物 | 国家 | 工业 | 限值/mg·L⁻¹ | 新建源限值/mg·L⁻¹ |
|---|---|---|---|---|
| 总铅 | 比利时 | 所有 | 2 | 0.5 |
| | 德国 | 所有 | 0.5 | |
| 总锌 | 德国 | 铜、铅、锌 | 1 | 1.5 |
| | 法国 | 锌 | 1 | |
| | 挪威 | 锌焙烧及制酸 | 5 | |
| | | 锌浸出厂 | 5 | |
| 总镉 | 德国 | 所有 | 0.2 | 0.5 |
| | 挪威 | 锌焙烧及制酸 | 0.2 | |
| | | 锌浸出厂 | 0.2 | |
| 总砷 | 德国 | 所有 | 0.1 | 0.2 |
| | 西班牙 | 所有溶解金属 | 0.5 | |
| 总铜 | 比利时 | 铅、锌、镍 | 4 | 0.5 |
| | 德国 | 所有 | 0.5 | |
| | 挪威 | 锌焙烧及制酸 | 0.2 | |
| | | 锌浸出厂 | 0.2 | |
| | 西班牙 | 所有溶解金属 | 0.2 | |

欧洲应对环境污染，也相应出台了多项政策法规，发展历程如下：1970 年欧共体提出

第一个环境口号——"环境无国界",推动了欧盟环境政策法规形成;1987 年提出"保护环境、保护人类的健康、谨慎和理性地利用自然资源" 3 个目标。1992~1997 年,《马斯特里赫特条约》和《阿姆斯特丹条约》相继出台,推动持续发展和更高水平的环境保护成为欧盟发展所必须依据的原则。截至 2012 年《第七个环境行动纲领》的出台,欧盟共出台了 7 个环境行动纲领,达到 500 多个指令。

## 1.4 有色金属冶炼行业水污染全过程控制技术需求

### 1.4.1 行业水污染控制的难点及关键点

#### 1.4.1.1 重金属污染风险依然显著,亟须加快产业结构调整

国家产业结构调整与行业准入等相关政策的实施,促使有色金属工业积极淘汰落后生产工艺和产品,清洁生产技术逐渐在行业推广,企业纷纷自主寻求绿色转型。但从整体上看,高能耗、高污染的落后生产工艺仍占有相当比例,铅锌冶炼行业中小企业居多,产业集中度低,淘汰落后产能任务仍十分艰巨。

#### 1.4.1.2 末端环境负荷重,亟须清洁生产源头减污

随着优质矿产资源数量日益减少,呈现富矿少、贫矿多、共生矿多、资源低质化的特点,仍有部分冶炼企业生产工艺落后、技术装备水平较低、清洁生产资源利用率低、冶炼废水排放量大,多种重金属离子随冶炼工艺排放到废水中,加重了末端水处理负荷,导致环境污染控制技术成本高。未来行业生态环境治理的难点与关键点是从源头削减及控制污染物排放,降低环境治理负荷。

#### 1.4.1.3 提高污染物资源循环利用率

冶炼过程中污染物资源循环利用主要是针对冶炼废渣和水处理固废,以及历史遗留的有价金属元素高的废渣。如对铅冶炼产生的铜渣、浸出渣,水处理产生的硫化渣、含铊渣等,亟须攻关含有价金属固废的清洁处理与资源回收技术,采用资源化、无害化处理技术,通过提高污染物资源循环利用率,实现废物资源化与无害化,提高伴生金属利用率,间接减轻末端水处理负荷。

#### 1.4.1.4 污染源监测信息亟须严格监管与落实

有色金属冶炼行业企业基本能按照《排污单位自行监测技术指南 有色金属工业》(HJ 989—2018)、《排污许可证申请与核发技术规范 有色金属工业——铅锌冶炼》(HJ 863.1—2017)、《排污许可证申请与核发技术规范 有色金属工业——铜冶炼》(HJ 863.3—2017) 等要求开展自行监测,形成行业自律。但仍然存在部分企业未严格按照规范和指南要求生产,对主要生产工艺、主要生产单元、生产设施污染源监测不到位。个别冶炼企业在线监测设备运维不力,对超标数据没有预警与应对措施,与政府监管部门联网

的监控系统对污染源自动监控设施的反馈数据衔接存在漏洞，缺乏冶炼企业排污、第三方监测平台的严格监管。

### 1.4.2  行业水污染全过程控制技术思路

#### 1.4.2.1  指导思想与目标

贯彻落实党的十九大提出的美丽中国目标，以科学发展观和生态文明思想为指导，落实关于构建现代环境治理体系的指导意见，遵循国家重金属污染防治规划和产业政策要求，全面推进创新、协调、绿色、开放、共享的发展理念，以资源循环化、生产过程控制自动化、管理信息化、环境生态化为目标，依托现有工业基础，坚持核心科技创新为支撑，实现产业科学布局，构建绿色冶炼及其深加工产业体系，打造绿色矿山基地，形成绿色工业产业链，提高国际产品竞争力，促进企业与社会和谐相处，建立健全持续性发展的长效机制。

#### 1.4.2.2  行业水污染全过程控制的内涵

有色金属冶炼行业的水污染及对水资源的不合理利用问题已经成为制约我国冶炼行业健康、持续、高水平发展的主要难题，开展冶炼工业节水与废水处理控制技术研究，提高水资源利用率已迫在眉睫。应坚持"推进资源化综合利用，推进现代环境综合治理"，坚持"创新驱动、转型发展"的理念，推动产业结构调整，加快技术改造升级，提倡冶炼企业清洁生产方式，降低后续污染物排放。将"源头控制""过程调控"和"末端治理"相结合，构建冶炼行业水污染全过程控制体系。

#### 1.4.2.3  行业水污染全过程控制思路

有色金属冶炼行业水污染全过程控制的关键是怎样从源头实现减排，如何实现资源的最大程度地回收利用和提高废水的重复利用率。针对目前存在的问题，建议冶炼行业废水污染全过程控制技术的设计思路为以工艺过程预防为主，同时研发先进的"三废"处理技术。工艺过程污染预防技术主要是淘汰落后、高能耗、高污染冶炼工艺，采用先进、清洁、绿色冶炼工艺和技术装备，重视生产过程污染防控；同时提升末端污染治理水平，不断更新"三废"处理技术，逐渐加大"三废"处理能力，降低环境风险。

近年来，国家对以重金属为代表的环境污染问题整治力度不断加大，如何有效回收矿产资源的有价金属，改善有色冶炼行业"三废"重金属排放的高负荷现状，全面推动资源综合利用，促进生产与环境生态的和谐发展，已成为行业可持续发展的关键。

行业重金属污染综合防治必须从实际出发，在技术层面，形成"源头控制""过程调控""末端治理"的全过程防控链，以市场为导向，加大技术创新和升级转型，遵循全过程控制原则，推进清洁生产，提高含重金属污染物的减量化和循环利用水平，降低能源消耗，加强资源综合利用。

在产业结构、资源配置和企业绿色制造层面，具体建议如下：

（1）整合企业内部的矿山、冶炼资源，打造高端绿色智能制造企业；以资源循环利用为核心，铜-铅-锌协同冶炼，采用清洁冶炼工艺实现冶炼渣的资源化利用和无害化处置，提高稀贵金属及铜、铅、锌等资源的利用率。

（2）通过资源综合利用，以先进冶炼技术和环保技术为支撑，实现产业升级改造，从清洁生产源头减污，水、气、渣污染协同控制，对重金属污染进行全过程控制，持续降低污染物排放水平，提高渣资源化利用率、水循环利用率、气型污染物减排率，使冶炼技术及装备水平满足冶炼行业国家清洁生产要求。

在技术需求和进步层面，建议的实施方向为：

（1）进一步开展废水智能化调配技术开发。包括净循环水和浊循环水梯级利用，重金属废水深度处理及脱盐后回用，循环水水质稳定后循环使用。

（2）重点开发废弃物资源化技术。如对冶炼行业产生废水组分最复杂、毒害性最高的污酸，进一步提升污酸有价金属回收和资源化技术水平，提高资源化利用效率。

（3）重点开展污染物深度处理与水回用技术研发，例如重金属废水深度处理回用技术和废水脱盐与回用技术，上述技术难度大，尚需进一步完善。

（4）分阶段实施关键技术集成和推广。基于水专项正开展的工作，积极吸收行业内形成的清洁生产、水污染控制和水回用技术，进行清洁工艺升级，强化末端污染治理。进一步结合预处理和废弃物资源化关键技术，在"十三五"期间，冶炼行业水污染全过程控制以单项关键技术集成为主，并开发污酸资源化、重金属废水深度处理等关键技术，初步形成有色冶炼行业水污染控制的整套技术。"十四五"期间，对前期形成的单项关键技术和成套处理技术进行标准化升级，输出成熟工艺包，面向所有有色冶炼企业进行行业内推广工作。

从技术创新角度来说，仍有较多问题需要解决、攻克，以下是"十四五"时期有色冶炼行业水污染控制的关键点：源头控制—过程调控—末端治理回用控制技术体系；废水智能化调配系统；工序—企业—园区综合调控回用体系；基于重金属污染物全生命周期的综合控污；污酸资源化技术和废水深度处理回用技术水平提升等关键核心技术问题。

铜、铅、锌冶炼行业废水污染全过程控制技术思路如图1-2所示。

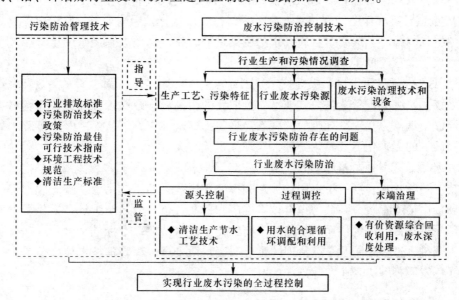

图1-2 铜、铅、锌冶炼行业废水污染全过程控制技术思路

### 1.4.3　行业废水污染全过程控制关键技术发展需求

近年来，有色金属行业快速发展，"十一五"至"十三五"期间，我国在先进工艺、技术装备方面有了大幅提升，初步构建了涉重金属行业生产源头控制、过程调控及末端治理的行业重金属废水污染全过程控制技术管理体系。为企业选择清洁生产工艺、先进治理技术路线、最佳可行性技术、可靠成套装备等提供了平台和依据。结合国家与环境形势要求和行业高质量发展需求，冶炼废水污染全过程控制关键技术需求涉及废水、大气、固废、重金属等。主要包括：

（1）铅锌冶炼工艺污染预防关键技术发展需求。开发新的高效的炼铅技术和装置，系统装备技术集成化、设备大型化、过程连续化、自动化，大幅提升单台设备处理能力，减少能耗物耗，延长设备寿命，提高金属资源综合回收利用水平。

（2）清洁生产节水技术发展需求。研究水回用影响因素和影响机理，确定工序用水水质要求，如工艺节水技术、冷却循环水阻垢缓蚀药剂、高循环水浓缩倍率技术、蒸汽冷凝水回收再利用技术、高效冷却节水技术等。

（3）水循环利用集成技术发展需求。依据主要用水工序水量和水质要求，建立有色行业水资源智能化监控调配系统，根据智能化监测结果，实现全厂水资源分质、串级、梯级使用，对水资源实行实时调配。包括废水分质处理、深度处理、节水优化管理等废水全面回用技术，单纯治理、部分利用已经无法满足行业水循环利用需求，应从"源头削减—过程减排—末端治理"统筹废水管理，研究"供水—用水—排水—回用水"废水管理体系，研发可应用于工程实施的水循环利用集成技术，提高系统水循环利用率，实现废水"零排放"，整体提升冶炼行业清洁生产水平与企业节水治污水平。

（4）污酸废水污染控制关键技术发展需求。开发先进、高效、稳定、低成本处理回用技术，提高废水重复利用率，实现废水"零排放"，同时回收废水中有价金属；突破现有技术的瓶颈，实现有价金属的梯级回收和酸的回收，完成氟氯等有害元素的开路。

（5）重金属废水深度处理技术发展需求。以高效选择性吸附材料、复合电极材料和特种膜材料研发为核心，提高重金属废水深度处理的效率，高效去除废水中重金属离子，实现特别排放限值或超低排放限值的稳定达标排放。

（6）废气、废渣污染控制关键技术发展需求。在收尘技术方面，研发高效环境集烟及废气除尘技术，突破设备选材关键技术，选取新的耐高温、耐腐蚀性强的环保新材料，开发新型环保集烟罩，实现冶炼废气的高效治理；提高硫利用率，从而减轻末端废水处理负荷；研发废渣的无害化与资源化处理，实现减量化和无害化。

（7）环境技术管理标准平台建设需求。现阶段行业技术种类多、体系广、变革快，先进落后技术装备并存，当前技术评估标准和方法不规范，环境技术管理缺乏统筹部门，技术的市场推广渠道有限，制约了先进技术推广和普及；企业亟须能满足多样化需求的环境技术管理标准平台，提供科学、规范、全面的技术信息，在一个标准平台，实现行业生产过程源头减排、过程控制及末端治理的重金属废水污染全过程管理技术体系覆盖，引导企业实现绿色发展，解决企业实际需求。

# 2 有色金属冶炼行业水污染全过程控制技术发展历程与现状

## 2.1 有色金属冶炼行业水污染控制技术总体进展

### 2.1.1 源头削减和过程污染防治技术

国内较大的有色金属冶炼企业在工业废水治理方面，均能遵循清洁生产原理，从废水产生源头削减工业废水，尽量做到清污分流，提高工业用水循环率，减少废水的产生[14-19]。如锌冶炼行业，通过采用先进的全湿法直接浸出工艺可以减少烟气产生量，从而降低污酸的产生量。在电解锌车间，传统的锌电解车间在出槽及泡板工序会产生大量含铅、镉和砷等重金属的废水，电解车间的泡板槽是锌冶炼重金属废水的主要来源，生产现场采用吊装设备，阴极板在吊装过程中挟带的电解液、泡板液直接洒落到地面或人体；而新开发的电解锌重金属水污染物过程减排成套技术针对电解后序工段含铅废水水量各工序逐级增加的现象，采用逐级减量逐级循环方式进行削减。以"二次减量""二次循环"为技术途径，大大削减阴极板出槽挟带液及电解车间废水总量；同时，硫酸锌结晶及产生的废水全部返回系统循环利用，实现阴极板出槽挟带液削减82%以上，废水产生量削减80%以上，硫酸锌结晶物及含锌清洗水循环利用，实现电解车间无重金属废水外排。

近年来，我国对企业环保要求越来越高，因此部分大型冶炼企业实施工业生产废水"近零排放"工程，大大提高本企业工业用水回用率，基本做到不排放工业废水，主要措施有：

（1）优化系统用水循环，提高系统水循环率，实现清污分流。

（2）合理调配企业生产用水，改建供排水管网，根据废水水质特点实现梯级回用，提高工业用水回用率，将原来排放的部分轻污染的废水调配作为其他用水，例如将循环水系统排污水供给湿法收尘用水，使用处理后酸性废水冲渣等。

（3）提高工业废水处理技术水平，一些新开发的技术被应用到废水处理过程，能将污染较严重的废水处理后回用；为防止用水设备结垢，一些企业采用膜处理技术去除废水中钙离子，使这些废水能回用于生产。

### 2.1.2 末端治理技术

有色金属冶炼行业废水处理设施主要包括生产废水治理和生活污水处理技术与设施，其主要治理工艺包括：

（1）生产废水治理工艺。包括石灰中和法（LDS 法）、高密度泥浆法（HDS 法）、硫化法、石灰-铁盐（铝盐）法、电化学法、生物制剂法、膜分离法等。

（2）生活污水处理工艺。包括生物接触氧化法、SBR 处理工艺、MBR 处理工艺等。

对于生产中产生的工业废水，目前仍以石灰中和法为主，常用的处理方法还有硫化法等。对于污酸，一般采用硫化+石灰中和法或两段石灰中和法，以后者为例，第一段用石灰乳将废水的 pH 值调节到 2.5~3，分离沉淀的石膏，该部分石膏数量比较大，且不含其他重金属，可用做建筑材料；在分离石膏后的废水中投加铁盐，并用石灰乳再中和至 pH=9，去除 As、Pb、Cd、Zn、Cu 等重金属离子；经两段处理后废水基本达到排放标准，再输送至厂区废水处理站进一步处理后排放。冶炼企业一般建有废水处理站，负责处理全厂生产产生的工业废水，目前主要采取的处理工艺为石灰中和法，部分企业在石灰中和后投加硫化钠，进一步深度处理生产废水，保证达标排放[20~33]。

针对不同企业复杂水质特性，当前废水处理技术工艺也相对成熟，绝大部分企业都能实现达标排放的目标。近年来，随着环保要求日益提高、政策要求的日益严格，对于冶炼企业而言，仅仅达标排放已无法满足当前企业废水污染控制及生态环境发展要求，废水资源化处理与"近零排放"将成为发展趋势。同时随着国家科技的发展与进步、对企业清洁生产工艺开发和应用，涌现了一批环保新技术、新工艺、新装备，推动有色行业环保产业技术水平不断提高，如近年来冶炼企业应用的膜处理回用技术、蒸发结晶技术、污酸废水资源化处理关键技术等，水污染控制技术水平也在不断提高。

## 2.2　典型重金属废水污染控制技术

重金属废水处理一直是国内外研究的难题，因其重金属污染物浓度高、成分复杂、性质多样特点，采用单一的中和法处理很难达到排放标准要求，现在已经发展到多级中和法、离子交换法、生物法等。随着国家对环境保护的重视、冶炼废水治理技术在近年来的提升，冶炼废水排放治理也得到更多研究人员的关注。

国内外现在处理重金属废水的方法，还是以化学沉淀法为主，包括石灰法、石灰-铁盐法、氧化法。国外发达国家的重金属废水处理，自动化控制程度较高，废水处理精度高，处理结果可以达到预期目的；国外的冶炼技术、工艺设备十分先进，并且严格执行用水、排放标准，十分注意废水温度、悬浮物和水质盐类平衡，废水循环利用率比国内高。

重金属废水的处理方法主要有三类：第一类是使废水中重金属离子通过发生化学反应除去的方法，包括石灰中和沉淀法、硫化物沉淀法、铁盐石灰共沉法、化学还原法、电解法等；第二类是使废水中的重金属在不改变其化学形态的条件下进行吸附、浓缩、分离的方法，包括吸附法、离子交换法、溶剂萃取法、膜分离、电渗析法、光催化氧化法等；第三类是借助微生物或植物的絮凝、吸收、积累、富集等作用去除废水中重金属的方法，包括生物吸附、生物沉淀、植物生态修复等[34]。

### 2.2.1 废水源头削减及过程减排技术

#### 2.2.1.1 清、浊循环水技术

有色金属冶炼以火法冶炼为主,高温冶炼过程中,根据工艺需要,需设置大量的循环水系统,这些循环水系统分间接和直接冷却设备和介质。间接冷却是指通过传热设备间接冷却炉体、机械设备、工艺介质(循环酸)温度;直接冷却是将冷却水直接和被冷却介质(如阳极铜、炉渣等)接触[35]。间接冷却水中一般不含有污染物,可通过降温和阻垢后循环使用;直接冷却水中含有一定的污染物,可在产生车间循环利用。将直接冷却水与间接冷却水分开循环利用,实现清、污分流,可大幅提高水循环回用率。

#### 2.2.1.2 梯级用水技术

梯级用水就是按用水点对水质的要求,先将水供给水质要求高的用水点,使用后直接或略加处理后再送给对水质要求低的用水点,达到节约用水、一水多用的目的。如在铜冶炼过程中,清循环冷却水系统是对水质要求高的用水点,浊循环冷却水系统是对水质要求低的用水点,例如硫酸工艺用水、铜电解工艺用水、环集集烟脱硫工艺用水等都为水质要求低的用水,因此,都可用清循环开路水进行二次利用[36]。

#### 2.2.1.3 水平衡智能调配技术

水平衡智能调配技术就是控制废水产生量,按照各用水点的水质要求,平衡各工序废水产生量和利用量,结合废水处理工艺和自动控制技术,来合理进行用水的自动化、智能调配。

#### 2.2.1.4 全工序水污染信息管理

全工序水污染信息管理指建立供水、用水、排水、节水的自动化信息管理系统和大数据库,以水污染总量控制为核心,使用清洁生产工艺设备、先进稳定有效的末端处理工艺设备和防渗漏、防腐管材,进行全工序水平衡综合管理。

### 2.2.2 污酸及酸性废水处理技术

污酸是冶炼企业排放废水的最主要污染源,其污染负荷超过90%。污酸废水重金属种类多、浓度高、酸度大,其中又以砷浓度为最高、危害性最大。污酸废水中的砷以亚砷酸为主,也最难处理,目前国内污酸废水的处理工艺主要以除砷为目的[37]。国内处理污酸废水的方法主要有硫化法—中和法、中和法、中和—铁盐共沉淀法[38]。

#### 2.2.2.1 硫化—中和法

硫化法是利用可溶性硫化物与重金属反应,生成难溶硫化物,将其从污酸废水中除去的方法(见表2-1)。该工艺可使硫化渣中砷、镉等含量大大提高,在去除污酸废水中有

毒重金属的同时实现重金属的资源化[39]。硫化剂包括硫化钠、硫氢化钠、硫化亚铁等。李亚林等人[39]研究利用硫化亚铁在酸性条件下生成硫化氢气体和二价的铁离子除砷。硫化氢气体在酸性条件下与水中的砷及重金属离子生成硫化物沉淀，$Fe^{2+}$在调节 pH 值过程中形成氢氧化物絮体进一步吸附和絮凝水中的硫化物沉淀，有利于硫化物的沉降分离。污酸废水中的砷酸能与石灰乳反应生成砷酸钙沉淀。

表 2-1　金属硫化物溶度积

| 金属硫化物 | 溶度积 $K_{sp}$ | $pK_{sp}$ | 金属硫化物 | 溶度积 $K_{sp}$ | $pK_{sp}$ |
| --- | --- | --- | --- | --- | --- |
| CdS | $8.0\times10^{-27}$ | 26.10 | $Cu_2S$ | $2.5\times10^{-48}$ | 47.60 |
| HgS | $4.0\times10^{-53}$ | 52.40 | CuS | $6.3\times10^{-36}$ | 35.20 |
| $Hg_2S$ | $1.0\times10^{-45}$ | 45.00 | ZnS | $2.93\times10^{-25}$ | 23.80 |
| FeS | $6.3\times10^{-18}$ | 17.50 | PbS | $8.0\times10^{-28}$ | 27.00 |
| CoS | $7.9\times10^{-21}$ | 20.40 | MnS | $2.5\times10^{-13}$ | 12.60 |

反应机理如下：

$$Me^{n+} + S^{2-} \Longrightarrow MeS_{n/2} \downarrow$$
$$3Na_2S + As_2O_3 + 3H_2O \Longrightarrow As_2S_3 \downarrow + 6NaOH$$
$$2H_3AsO_3 + Ca(OH)_2 \Longrightarrow Ca(AsO_2)_2 \downarrow + 4H_2O$$

硫化—石灰中和法废酸处理工艺流程如图 2-1 所示。

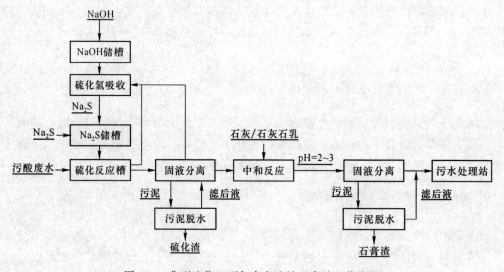

图 2-1　典型硫化—石灰中和法处理废酸工艺流程

该方法可提高重金属的净化效果，但是渣量与砷的污染控制仍然难以解决。

### 2.2.2.2　中和沉淀法

中和沉淀法通过向污酸废水中投加中和剂，反应生成溶解度较小的氢氧化物，使之与水分离（表2-2），特点是在去除重金属离子的同时能中和污酸废水及其混合液。通常采用碱石灰（$CaO$）、消石灰（$Ca(OH)_2$）、飞灰（石灰粉，$CaO$）、白云石（$CaO \cdot MgO$）等石灰类中和剂[40-44]。

表2-2 金属氢氧化物溶度积[45]

| 金属氢氧化物 | $K_{sp}$ | $pK_{sp}$ | 金属氢氧化物 | $K_{sp}$ | $pK_{sp}$ |
|---|---|---|---|---|---|
| $Cd(OH)_2$ | $2.5 \times 10^{-44}$ | 13.66 | $Cu(OH)_2$ | $2.2 \times 10^{-20}$ | 19.30 |
| $Fe(OH)_3$ | $4 \times 10^{-38}$ | 37.50 | $Fe(OH)_2$ | $1.0 \times 10^{-15}$ | 15 |
| $Pb(OH)_4$ | $3.2 \times 10^{-66}$ | 65.49 | $Pb(OH)_2$ | $1.2 \times 10^{-15}$ | 14.93 |
| $Hg(OH)_2$ | $3.0 \times 10^{-26}$ | 25.30 | $Mn(OH)_2$ | $1.1 \times 10^{-13}$ | 12.96 |
| $Sn(OH)_2$ | $1.4 \times 10^{-28}$ | 27.85 | $Zn(OH)_2$ | $1.2 \times 10^{-17}$ | 16.92 |
| $Ni(OH)_2$ | $2.0 \times 10^{-15}$ | 14.70 | $Sb(OH)_3$ | $4 \times 10^{-42}$ | 41.4 |

利用 $Ca^{2+}$ 与废水中的砷酸根或亚砷酸根发生反应，生成难溶的砷酸钙 $[Ca_3(AsO_4)_2]$ 或亚砷酸钙 $[Ca_3(AsO_3)_2]$ 沉淀，可达到去除砷的目的。

目前污酸废水中和一般在前端采用石灰预处理，再分步沉淀，如使用石灰沉渣回流的三段逆流石灰法，石膏产生量特大，污酸废水中的氟离子以氟化钙沉淀的形式从废水中去除。

中和法处理含重金属废水是调整、控制 pH 值的有效方法，由于影响因素较多，理论计算得到的值只能作为参考，处理单一重金属废水的 pH 值要求见表2-3[46]。

表2-3 处理单一重金属废水要求 pH 值

| 金属离子 | $Cd^{2+}$ | $Co^{2+}$ | $Cu^{2+}$ | $Fe^{2+}$ | $Fe^{3+}$ | $Zn^{2+}$ | $Pb^{2+}$ |
|---|---|---|---|---|---|---|---|
| pH 值 | 11~12 | 9~12 | 7~12 | 9~13 | >4 | 9~10 | 8.5~11 |

中和药剂来源广泛、价格便宜，工艺设备较为简单，处理工艺经济性较强，工艺对污水的适应性较强。但是单一的石灰中和法不能将污酸废水中砷和汞脱除达到国家排放标准，尤其是污酸废水中存在多种重金属离子的情况下，中和沉淀法更难以使多种重金属脱除到稳定达标，因此一般采用中和法与硫化法或铁盐沉淀法联用[28]。

### 2.2.2.3 铁盐—中和法

铁盐—中和法是向废水中加入石灰乳（主要成分 $Ca(OH)_2$），同时投加铁盐，对于含氟废水一般使用铝盐，铁盐通常采用三氯化铁、硫酸亚铁以及聚铁，铝盐通常采用硫酸铝、氯化铝。利用石灰中和污酸废水并调节 pH 值，利用砷与铁生成较稳定的砷酸铁化合物，氢氧化铁与砷酸铁共同沉淀这一性质将砷除去。铁的氢氧化物具有强大的吸附和絮凝能力的特性[47]，可去除污水中的砷、铁、铜及氟等污染物。铁离子与砷除生成砷酸铁外，氢氧化铁还可作为载体与砷酸根离子和砷酸铁共同沉淀[48]。

### 2.2.2.4　铁盐—氧化—中和法

砷酸铁比亚砷酸铁性质更稳定，通常当废水中的砷含量较高，超过 200mg/L，甚至达到 1000mg/L 以上，且砷在废水中又以三价为主时，通常采用氧化法将三价砷氧化成五价砷，常用的氧化药剂有漂白粉、次氯酸钠和鼓入空气氧化等方法，再利用铁盐生成砷酸铁除砷。氧化反应可使 $Fe^{2+}$ 氧化成 $Fe^{3+}$，$As^{3+}$ 氧化成 $As^{5+}$，然后生成铁盐共沉淀[28]。

$$4Fe(OH)_2 + O_2 + 2H_2O \longrightarrow 4Fe(OH)_3$$
$$2AsO_3^{3-} + O_2 \longrightarrow 2AsO_4^{3-}$$
$$4Fe(OH)_2 + O_2 + 2H_2O \longrightarrow 4Fe(OH)_3$$
$$2Fe(OH)_3 + 3As_2O_3 \longrightarrow 2Fe(AsO_2)_3 \downarrow + 3H_2O$$
$$Fe(OH)_3 + H_3AsO_4 \longrightarrow FeAsO_4 + 3H_2O$$
$$Fe(OH)_3 + H_3AsO_3 \longrightarrow FeAsO_3 + 3H_2O$$

铁盐氧化中和的方法仍无法从根本上解决砷与有价金属的分离问题，砷的二次污染十分棘手，而且废水稳定达标困难。

铁盐—氧化—中和法处理废水工艺流程如图 2-2 所示。

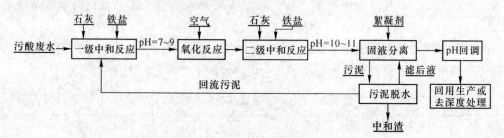

图 2-2　典型铁盐—氧化—中和法处理废酸工艺流程

### 2.2.2.5　高密度泥浆法

利用酸碱中和、金属离子沉淀、$Fe(OH)_3$ 和 $Al(OH)_3$ 絮凝共沉淀，以及晶核诱导结晶等综合作用可提高重金属的处理效率和处理效果，使高密度泥浆法工艺具有显著的综合优势。

高密度泥浆法指通过沉淀池底回流先与石灰混合，再进入反应池与污水进行中和反应，反应物在反应体系中通过吸附、卷帘、共沉等作用，经过多次循环往复后可粗粒化、晶体化，变成高密度、高浓度、易于沉降的污泥，同时底泥的回流可以使底泥中残留的未反应的石灰再次参与反应，有效降低石灰消耗量[49,50]。

高密度泥浆法工艺流程如图 2-3 所示。

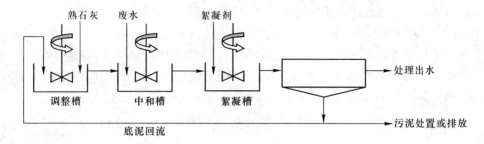

图 2-3　高密度泥浆法工艺流程

### 2.2.3　综合废水处理技术

#### 2.2.3.1　铁盐—石灰共沉法

铁盐—石灰共沉法是指向综合废水中投加铁盐和石灰，铁盐作为共沉剂，使废水中的砷及其他重金属离子生成难溶物质而与水分离。本法可用于去除废水中的砷、镉、铅等重金属离子。

该方法除砷效率取决于"铁砷比"及 pH 值的控制。根据有关文献资料，在 Fe/As = 1 时，五价砷去除率可达 90%；当 Fe/As = 2 时去除率接近 100%，但要处理到污水含砷 1mg/L 以下，Fe/As 比值须在 4 以上，并随着"铁砷比"的增加，砷酸铁沉淀物性质趋于稳定。有资料显示，在弱酸性及弱碱性范围内，氢氧化铁吸附砷的能力最强，但当 pH 值>10 时，砷酸根或亚砷酸根与氢氧根发生置换，使一部分砷溶于水中，故 pH 值最好控制在 10 以下。由于氢氧化铁吸附五价砷的 pH 范围要较三价砷大得多，所需的"铁砷比"比较小，故在凝聚处理前将亚砷酸盐氧化成砷酸盐，可以提高除砷的效果[51]。

采用该法处理冶炼综合废水，成本相对较低、工艺简单，能将废水中的砷及其他重金属离子净化到符合《污水综合排放标准》（GB 8978—1996）中第一类污染物的要求。

#### 2.2.3.2　电解法

该法以铝或铁作为阴极和阳极，含重金属废液在直流电作用下进行电解，阳极铁或铝失去电子后溶于水，与富集在阳极区域的氢氧根生成氢氧化物，这些氢氧化物再作为凝聚剂与重金属废液发生絮凝和吸附作用；当向电解液中投加高分子絮凝剂时，利用电解产生的气泡上浮，将吸附了重金属的氢氧化物胶体浮至液面，由刮渣机将浮渣排出[52]。

电解法处理重金属废水具有去除率高、无二次污染、沉渣经压滤脱水可返回工艺利用等优点；不过电解法电耗较高，电极板更换维护频繁，导致成本较高。

#### 2.2.3.3　重金属废水生物制剂法处理技术

中南大学环境研究所基于多基团高效协同捕获复杂多金属离子的新机制，率先将菌群代谢产物与酯基、巯基等功能基团实现嫁接，发明了富含多功能基团的复合配位体水处理剂（生物制剂）；并开发了"生物制剂配合—水解—脱钙—絮凝分离"一体化新工艺和相应设备。冶炼重金属废水通过生物制剂多基团的协同配合，形成稳定的重金属配合物，用碱调节 pH 值，并协同脱钙。由于生物制剂同时兼有高效絮凝作用，当重金属配合物水解形成颗粒后很快絮凝形成胶团，可实现重金属离子（铜、铅、锌、镉、砷、汞等）和钙离子的同时高效净化，净化水中各重金属离子浓度远低于《铅、锌工业污染物排放标准》《铜、镍、钴工业污染物排放标准》等行业标准要求，可全面回用于冶炼企业[53]。

重金属废水"生物制剂络合—水解—脱钙—固液分离"处理的具体工艺流程如图 2-4 所示。

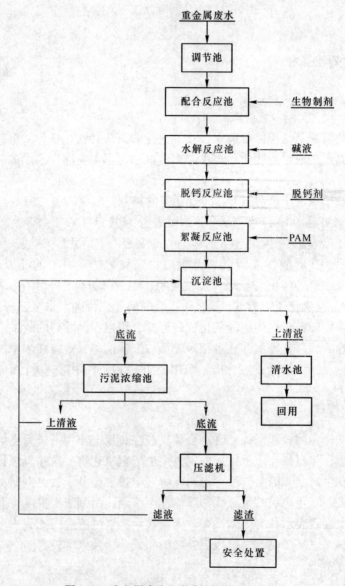

图 2-4    重金属废水生物制剂处理工艺流程

重金属废水进入调节池进行水质水量调节，生物制剂通过计量泵加入水泵出水的管道反应器中，通过管道反应器使生物制剂迅速与废水中的重金属离子反应，生成生物制剂与重金属的配离子，进入多级溢流反应系统，在斜板前的一级反应池内投加石灰乳或液碱，使生物制剂与重金属离子配合水解长大[54]，实现重金属离子的深度脱除；在三级反应池中投加脱钙剂脱除钙镁离子，在进斜板沉淀池前投加少量的 PAM 协助沉降，斜板沉降的上清液可以直接回用于企业的生产车间。

新技术解决了传统化学药剂无法同时深度净化废水中多金属离子的缺陷，净化后出水重金属离子指标可达到《地表水环境质量标准》（GB 3838—2002）中的Ⅲ类标准限值，废水回用率由传统石灰中和法的 50% 左右提高到 90% 以上。

生物制剂技术已广泛应用于有色、化工、电镀等行业的含重金属废水的深度处理，成为有色行业综合废水治理的主要技术，也是当前膜处理的最优预处理技术。

### 2.2.3.4 吸附法

吸附法指利用重金属离子吸附剂将污水中的一种或数种重金属离子吸附于其活性表面，从而降低污水中重金属离子含量的方法[55]。一般用于重金属废水的深度处理阶段，对预处理有一定要求，吸附法对去除汞、铬、铜、银有一定效果。

### 2.2.3.5 离子交换法

离子交换法是利用离子交换剂分离废水中有害物质的方法，应用的离子交换剂有离子交换树脂、沸石等，离子交换树脂有凝胶型和大孔型。交换剂自带的能自由移动的离子与被处理的溶液中的离子通过离子交换来分离有害物质。推动离子交换的动力是离子间浓度差和交换剂上的功能基对离子的亲和能力，多数情况下离子是先被吸附，再被交换，离子交换剂具有吸附、交换双重作用[56]。

### 2.2.3.6 纳滤膜钙分离技术

（1）技术原理。纳滤膜孔半径在 0.5~2nm 之间。纳滤膜分离技术是利用膜材料的选择性分离特性实现滤料不同成分的分离、纯化、浓缩的物理过程。该技术是通过纳滤膜分离滤料中钙镁离子完成硬水软化的技术过程。

（2）主体设备。纳滤膜，单只膜元件有效面积为 $15~25m^2$，运行压力为 $0.2~1.5MPa$，配套高压泵、流量计、压力表等设施。

（3）成本与效益。膜处理综合成本约为 $3.0~4.0$ 元/$m^3$。

### 2.2.3.7 反渗透膜盐分离技术

#### A 技术原理

反渗透膜孔径小于 0.5nm，反渗透膜盐分离技术以压力差为推动力，借助半透膜的截留作用，从溶液中分离出溶剂的膜分离过程。反渗透膜大部分为不对称膜，可截留溶质分子。分离的物质的分子量一般小于 500，操作压力为 0.5~2.5MPa。

反渗透膜元件常用进水条件如下：

（1）氯浓度小于 0.1mg/L；

（2）钙离子浓度低于 100mg/L，推荐低于 50mg/L；

（3）进水 pH 值范围：4~10；

（4）氟离子浓度低于 10mg/L；

（5）进水温度范围：5~45℃；

（6）COD 低于 100mg/L；

（7）SDI 一般宜小于 3。

B  主体设备

主体设备为反渗透膜，单只膜元件有效膜面积为 15~25m²。

C  成本与效益

膜处理综合成本约为 3.0~4.0 元/m³。

2.2.3.8  吸附法/离子交换法重金属深度处理技术

（1）技术原理。利用吸附材料对废水中的重金属离子及其他污染物有较强的亲和力的特点，通过物理吸附和化学吸附的作用从废水中去除重金属，该方法可用于重金属回收和废水深度处理回用。

（2）主体设备。吸附塔塔内装填特种吸附材料，一般为大孔螯合树脂。

（3）成本与效益。与废水中的重金属浓度直接相关，一般适用于处理低浓度重金属废水，处理成本约为 2.0~3.0 元/m³。

2.2.3.9  盐分多效蒸发结晶技术

（1）技术原理。多效蒸发技术是将几个蒸发器串联运行的蒸发技术，多用于水溶液的处理。在多效蒸发操作的流程中，第一个蒸发器以生蒸汽作为加热源，其余蒸发器均以其前一效的二次蒸汽作为加热蒸汽，从而可大幅度减少生蒸汽的用量。每一效的二次蒸汽温度总是低于其加热蒸汽[57]，将多个蒸发器串联运行的蒸发器操作，使蒸汽热能得到多次利用，从而提高热能的利用率。

（2）主体设备。多效蒸发器，配套循环泵、分离塔、流量计、温度计等设施。

（3）成本与效益。主要消耗蒸汽，采用多效蒸发，吨水消耗蒸汽约为 0.45~0.65t，蒸汽成本按 200 元/t 计约为 90~130 元，其他成本（如电费等）综合约为 2.0~2.5 元，总成本约为 92~132.5 元。

2.2.3.10  MVR 蒸发结晶技术

（1）技术原理。MVR 蒸发结晶技术是海水淡化的机械蒸汽再压缩蒸馏技术与连续结晶技术的结合，在蒸发过程中，从蒸发器出来的二次蒸汽，经压缩机压缩，压力、温度升高，热焓增加[58]，然后送到蒸发器的加热室作为加热蒸汽，使料液维持沸腾状态；加热蒸汽本身冷凝成水，从体系中排出。原溶液被浓缩后，在结晶器中析出无机盐，从体系中排出。此过程不但可回收潜热，提高热效率，而且可节省部分冷凝水系统，达到节能节水的目的。

（2）主体设备。MVR 蒸发器，核心设备为蒸汽压缩机，运行过程中物料温升约为 5℃。配套有稠厚器、离心机/压滤机等设施。

（3）成本与效益。主要为蒸汽消耗和电耗，吨水消耗蒸汽为 0.05 ~ 0.08t，蒸汽成本按每吨 200 元计约为 10 ~ 16 元，吨水电耗为 70 ~ 80kW·h，按每千瓦时 0.65 元计，吨水电耗成本为 45.5 ~ 52 元，总成本约为 55.5 ~ 68 元。

## 2.2.4　废水分质处理与回用技术

### 2.2.4.1　初期雨水微滤膜处理技术

冶炼企业的初期雨水中含有较低浓度的重金属污染物，需要处理后才能达标排放或者回用。初期雨水由压力泵提升至石英砂过滤器（或多介质过滤器）进行过滤处理，过滤后再经保安过滤器进一步去除微小颗粒，最后经微滤膜进行深度过滤，从而实现初期雨水的深度过滤处理。微滤膜截留悬浮物粒径一般为 0.01 ~ 10μm，截留率大于 95%。

### 2.2.4.2　初期雨水生物制剂的深度处理

利用生物制剂中的多基团与初期雨水中的低浓度重金属离子进行配位后形成溶度积非常小的非晶态化合物，从而使重金属离子高效脱除。

（1）技术路线。初期雨水生物制剂深度处理工艺流程如图 2-5 所示。

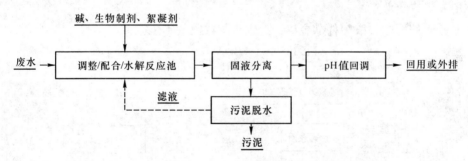

图 2-5　初期雨水生物制剂深度处理工艺流程

（2）主体设备。常规处理设施及药剂投加系统，包括反应沉淀系统、污泥浓缩系统、碱一体化加药装置、生物制剂一体化加药装置、絮凝剂一体化加药装置。

（3）成本与效益。生物制剂的投加成本约为 0.3 元/m³，碱成本约为 0.2 元/m³，电耗 0.1 元/m³，直接运行成本约为 0.5 元/m³。

### 2.2.4.3　循环水阻垢技术

通过向循环水系统自动投加缓蚀阻垢剂等水质稳定药剂，提高浓缩倍数，减少开路排污，主要包括缓蚀、阻垢、微生物控制等。

### 2.2.5   水污染控制新技术突破及应用

目前冶炼重金属废水污染控制技术的发展逐渐形成单一治理向综合治理，达标治理向深度处理，废水达标排放向"近零排放"，有价金属回收、酸回收、废渣资源化利用的绿色发展模式。

在国家水专项等重大科技项目的支持下，国内科研机构突破了有色行业清洁生产和点污染源治理重大共性关键技术，构建了流域尺度重金属污染防控体系，重金属污染防治整装成套等技术支撑全国重金属污染防治和总量减排，技术贡献显著。

#### 2.2.5.1   污酸及酸性废水资源化处理成套技术

污酸是有色行业排放废水的最大污染源。污酸既是各种污染物的"收容所"，同时也是资源的"聚宝盆"。污酸中的酸、重金属离子都是资源，特别是污酸中还富集了一些铼、硒等稀散金属。如何将这些资源进行回收变废为宝，同时减少污酸处理过程中带来的二次污染已成为目前国内科研机构研究的热点。近年来，针对污酸的特点，国内一些科研机构与企业开发出了一些极具潜力的治理与资源化技术，本节对这些技术进行介绍。

A   污酸中稀散金属选择性吸附回收技术

（1）技术原理。选择性吸附技术利用特征吸附材料对污酸中的铼、硒等稀散金属进行选择性吸附，而不会吸附污酸中的砷、铜、铅、锌等重金属离子，从而实现铼、硒与污酸中其他重金属的分离。

（2）技术路线。污酸中稀散金属选择性吸附回收基本工艺流程如图 2-6 所示。

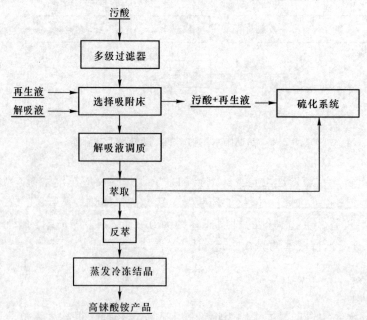

图 2-6   污酸中稀散金属选择性吸附回收基本工艺流程

（3）主体设备。多级过滤器、多级吸附床、萃取罐、反萃罐、多效蒸发装置、冷冻结晶装置。

（4）成本与效益。新技术可实现污酸中铼资源的回收，回收率90%以上。主要成本为吸附材料的消耗与能耗，目前回收1t铼酸铵的回收成本约200万~300万元，铼酸铵价值约600万元。

**B 废酸梯级硫化回收有价金属**

（1）技术原理。采用硫化钠或者硫氢化钠作为硫化剂在酸性条件下对污酸进行多级硫化，通过电位值控制向含砷废水中添加的硫化剂溶液，使废水中的铜、砷等离子经硫化反应生成难溶的硫化物沉淀，通过多级沉降和固液分离以滤饼形式，回收其中的重金属，并实现砷的分离。

（2）技术路线。硫化钠梯级硫化治理技术基本工艺流程如图2-7所示。

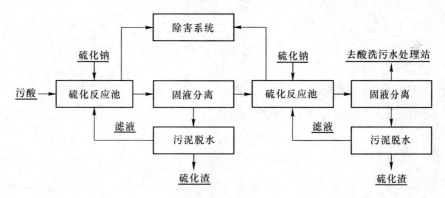

图 2-7　硫化钠梯级硫化治理技术基本工艺流程

（3）主体设备。硫化剂配制槽、硫化反应槽、沉淀池、压滤机、除害系统。

（4）成本与效益。药剂成本与水质有关，脱除1kg砷等重金属需要硫化钠3.0~4.0kg，药剂成本（以重金属计）约9.0~12.0元/kg。其他成本（如电费成本）综合约1.5~2.5元/m³。

**C 废酸硫化氢气液强化硫化技术**

（1）技术原理。硫化氢气液强化硫化技术是采用硫化氢替代硫化钠对污酸中重金属离子和砷实现梯级硫化反应。硫化氢可采用硫化剂与硫酸反应产生，硫化氢通入特制密闭的气液强化反应器，一段硫化沉铜固液分离后得到富铜渣，二段硫化沉砷后产生富砷渣，可将废水中铜、砷的有效分离，实现铜的回收利用以及砷的开路。

（2）技术路线。硫化氢气液强化硫化技术基本工艺流程如图2-8所示。

（3）主体设备。

1）气体发生器。有效容积10~15m³，带搅拌设备，配套电机。

2）气液强化硫化反应器。采用钢制设备内衬聚四氟乙烯，有效容积为10~15m³，内设气液强化接触反应装置。循环泵采用塑料泵或者衬四氟泵。

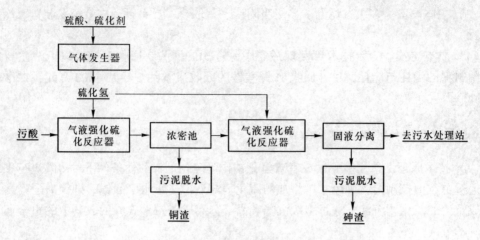

图 2-8　硫化氢气液强化硫化技术基本工艺流程

（4）成本与效益。药剂成本与水质有关，脱除 1kg 砷等重金属需要硫化钠 1.5～2.0kg，药剂成本（以重金属计）约 4.5～6.0 元/kg。其他成本（如电费成本）综合约 1.0～1.5 元/m³。

效益主要体现在减少硫化药剂用量、减少废渣产生量和有价金属回收等方面。该技术与常规硫化钠硫化相比，减少药剂费和减少废渣产生量均大于 30%，可回收 90% 以上的铜资源。

D　废酸电浓缩分离回收技术

（1）技术原理。利用选择性电渗析系统在直流电场作用下阴阳离子交换膜对溶液中离子的选择透过性，实现废酸中的硫酸的浓缩（10%～15%）和氟氯离子的分离。主要用于废酸中酸的浓缩和水的淡化，使大部分硫酸和氟氯离子进入浓缩酸，处理后淡液符合相关回用要求。

（2）技术路线。选择性电渗析工艺流程如图 2-9 所示。

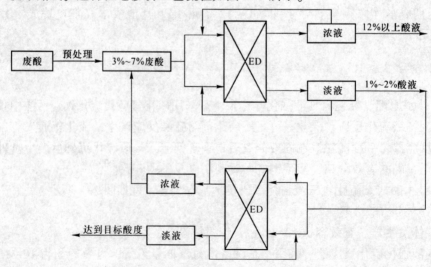

图 2-9　选择性电渗析工艺流程

(3) 主体设备。电渗析膜组器，单台膜面积为 $200m^2$，每小时迁移酸量约为 20kg。

(4) 成本与效益。运行成本主要为电费，电费约 $3.0\sim6.0$ 元/ $m^3$。

效益主要体现在酸回收上，酸回收率大于 90%，回收酸浓度 10%~15%，淡液 pH 值为 1~3，适用于酸度小于 8% 经硫化除重金属后的污酸处理。

E  废酸热浓缩分离回收技术

(1) 技术原理。利用蒸汽作为热源进行加热，使污酸中的部分水分挥发、溶质浓度增大，从而实现废酸的浓缩。通过蒸发浓缩后，浓缩后的馏出液可回用于生产，硫酸浓度经浓缩质量分数达 30%~50%。采用多效蒸发设备，将前效的二次蒸汽作为下一效加热蒸汽的串联蒸发操作，可提高浓缩效率，减少蒸汽用量，克服单效蒸发蒸汽消耗量大、浓缩效率低的弊端。

(2) 主体设备。蒸发器，一般设置多个蒸发器串联，设备材质为石墨。配套设施有流量计、温度计、压力表和循环泵等。

(3) 成本与效益。主要消耗蒸汽，采用多效蒸发，吨水消耗蒸汽约为 $0.45\sim0.65t$，蒸汽成本按 200 元/t 计约为 90~130 元，其他成本（如电费等）综合约为 2.0~2.5 元。

效益体现在酸浓缩可回收的基础上，适用于经过气液强化硫化除砷后的污酸处理。

F  废酸中硫酸与氟、氯分离技术

(1) 技术原理。在一定的酸度下，氟、氯与氢离子结合转化成氟化氢与氯化氢，再通过热空气的吹脱作用，使之相互充分接触，使硫酸中氟氯离子以氟化氢、氯化氢的方式穿过气液界面，向气相转移，从而达到从硫酸中脱除氟氯离子的目的；同时提高硫酸的浓度，使得酸达到回用的要求。

(2) 主体设备。吹脱塔，塔内装填防腐填料，一般采用逆流式。配套设施有风机、温度计、流量计等。

(3) 成本与效益。主要消耗蒸汽，处理成本约为 30~50 元/ $m^3$。

效益体现在废酸提纯回收上，经吹脱处理后，硫酸得到净化，氟氯脱除率大于 90%，酸中氟氯浓度可低至 50mg/L，可实现回收利用。

G  污酸蒸发浓缩—硫化资源化处理技术

(1) 技术原理。对于酸度高且重金属离子浓度低的酸性废液，可采用先热浓缩吹脱氟氯再硫化脱重金属工艺。

(2) 技术简介。该技术是用热风将污酸蒸发浓缩产出 55% 的浓缩酸，同时脱除污酸中的氟和氯。浓缩酸用硫化法除去杂质铜、铅、砷后，过滤得到纯净的浓缩酸，返回硫酸生产系统或其他生产系统使用。该工艺不产生石膏，不会二次污染；脱除总氟氯效果可达到 98% 以上；废水的金属离子和砷脱除效果可达到 80% 以上。

污酸蒸发浓缩—硫化资源化处理基本工艺流程如图 2-10 所示。

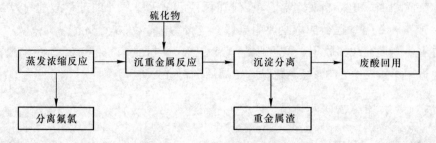

图 2-10    污酸蒸发浓缩—硫化资源化处理基本工艺流程

H    冶炼电解液扩散渗析酸分离回收技术

（1）技术原理。扩散渗析[59]是利用半透膜或选择透过性离子交换膜使溶液中的溶质由高浓度一侧通过膜向低浓度一侧迁移的过程。整个扩散装置是由一定数量的膜组成的一系列结构单元；其中每个单元由一张阴离子均相膜隔开成渗析室和扩散室，采用逆流操作，在阴离子均相膜的两侧分别通入废酸液及接受液时，废酸液侧的酸及其盐的浓度远高于水的一侧[60]，由于 $H^+$ 的水化半径比较小，电荷较少，而金属盐的水化半径较大，电荷较多，因此 $H^+$ 会优先通过膜，使得废液中的酸被分离出[61]。

（2）主体设备。扩散渗析膜组器，单台膜面积为 $400m^2$，单台处理能力为 $5m^3/d$。需要配套进液泵、流量计、回收酸储罐等设施。

（3）成本与效益。运行过程中消耗电能，无需添加药剂。直接运行成本约为 $1.0 \sim 2.0$ 元$/m^3$。

效益主要体现在回收酸的价值上，酸回收率为 $80\% \sim 85\%$，回收酸纯度较高，杂质离子较少，可返回企业回用，不但可降低企业直接生产成本，而且可减少 $80\%$ 以上废酸中和所产生的中和渣。

### 2.2.5.2    含铊废水深度治理技术

铊（Thallium，Tl）为银白色柔软金属，是一种重要的稀有金属资源，被广泛用于电子、军工、航天、化工、冶金、通信、医学等领域。铊在地壳中的含量极低，有强烈的亲硫性，以微量元素形式进入方铅矿、闪锌矿、黄铜矿、黄铁矿、辉锑矿中，在有色冶炼过程中随着废水、废渣、废气进入环境，是有色冶炼工业的特征污染物。

铊及其化合物的毒性高出氧化砷 3 倍多，铊（Tl）对哺乳动物的毒性仅次于甲基汞，远大于 Hg、Pb 和 As 等，在我国《生活饮用水卫生标准》（GB 5749—2006）中对铊的要求为 $0.0001mg/L$。因为铊在地壳中含量非常低，长期以来没有引起人们对铊污染问题的关注。2010 年以来，随着铊污染事件的不断出现，铊污染治理逐渐被人们重视；2014 年，湖南省发布了《工业废水铊污染物排放标准》（DB 43/T 968—2014），规定废水中铊控制标准浓度为 $0.005mg/L$，这也是世界上第一个针对铊指标控制的污染物排放标准；2017 年，广东省也发布了《工业废水铊污染物排放标准》（DB 44/T 1989—2017），规定废水中铊控制标准浓度为 $0.005mg/L$（第一时段）和 $0.002mg/L$（第二时段）；2018 年 9 月，

《铅、锌工业污染物排放标准》（GB 25466—2010）修改单发布征求意见稿，新增总铊污染物控制标准浓度为 0.005mg/L。

含铊废水处理难度大，采用传统的处理方法难以满足废水处理后的要求。美国环保署推荐采用活性氧化铝和离子交换法吸附分离处理含铊废水，但处理成本高[62]。废水中的Tl（Ⅰ）在饱和氯化钠体系中可形成有效的 TlCl 沉淀，但同时也向系统中引入了盐分。吸附分离法对废水中铊离子的去除效果明显，可利用生物吸附、选择性吸附剂、自然矿物材料吸附分离废水中 Tl，但存在抗冲击负荷能力差、吸附剂再生与处置困难、二次污染等问题，大规模工业化应用存在较大局限。

中南大学冶金与环境学院环境针对含铊的重金属废水的特征，调整生物制剂的基团结构和嫁接新的基团，开发出含铊废水处理高巯基化生物制剂。该系列生物制剂能够有效地调整废水中铊的形态，并利用其功能基团与铊形成稳定的配合物，实现铊的深度脱除；还开发了含铊废水生物制剂深度处理的新处理工艺。

同时开发了"稳定剂调整—生物制剂配合—水解—絮凝分离"一体化新工艺和相应设备，重金属废水用碱调节 pH 值至目标值，根据废水中铊的含量加入稳定剂，调整废水中铊的形态，对铊进行初步脱除，再根据铊和其他重金属离子浓度加入高巯基化生物制剂进行配位深度脱除，最后加入絮凝剂进行固液分离，实现多种重金属离子（铊、砷、镉、铬、铅、汞、铜、锌等）同时高效净化。

该技术净化重金属高效、投资及运行成本低、操作简便、抗冲击负荷强、效果稳定、无二次污染，可适用于处理各种含铊重金属废水。生物制剂脱铊基本工艺流程如图 2-11 所示。

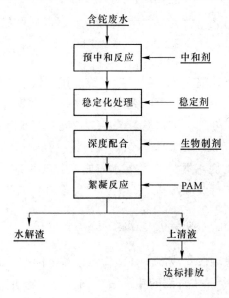

图 2-11　生物制剂脱铊技术基本工艺流程

目前该技术已在中金岭南韶关冶炼厂、河南豫光金铅集团、株洲冶炼集团、水口山四厂等 40 多家大型有色企业应用，净化水中铊及各重金属离子浓度稳定达到国家或者地方相关排放标准要求。该技术也成功参与处置韶关北江铊污染、广西贺江铊污染等重大环境污染事件。

### 2.2.5.3　含重金属氨氮废水资源化与无害化处理成套技术

含重金属氨氮废水资源化与无害化处理成套技术是由北京赛科康仑环保科技有限公司联合中国科学院过程工程研究所共同研发的创新性技术，主要用于工业生产过程含重金属氨氮废水的无害化处理和资源高效回收利用，废水氨氮可由 1~70g/L 一步处理至 15mg/L 以下，同时资源化回收 16%~25% 的高纯氨水。

技术原理是基于氨与水分子相对挥发度的差异，通过氨-水的气液平衡、金属-氨的络合-解络合反应平衡、金属氢氧化物的沉淀溶解平衡的热力学计算，在汽提精馏脱氨塔内将氨氮以分子氨的形式从水中分离，脱氨塔出水氨氮小于 15mg/L；然后氨氮以氨水或液氨的形式从塔顶排出，经冷凝器冷却为高纯氨水，可回用于生产或直接销售；脱氨后废水可进一步进行金属的资源化回收利用，最终出水可直接排放或处理后回用于生产。

技术的主体装置如图 2-12 所示。

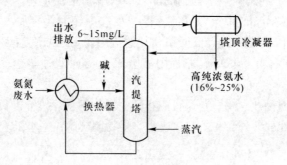

图 2-12　技术的主体装置

该技术适用于锂电池三元前驱体、镍、钴、钨、钼、钒、锆、钛、铌、钽、铼、铀以及稀土金属、新材料、催化剂生产、废旧锂电池回收利用、煤化工等行业产生的含重金属氨氮废水的资源化和无害化处理。进水氨氮浓度 1~70g/L，处理规模 50~5000t 废水/d。

该技术已在有色冶金（镍、钴、钨、钼、钒、锆、铌、钽、铼）、新能源电池三元前驱体、新材料、稀土、催化剂、贵金属等行业完成工程转化应用，累计建设示范工程 60 余套，覆盖我国三元前驱体行业 80% 以上产能，产生了显著的社会、经济、环境效益。

### 2.2.5.4　重金属在线监测分析新技术应用

针对现有重金属在线检测仪集成度不高、稳定性差等问题，在国家水体污染控制与治理科技重大专项课题的支持下，研制的铅、镉、铜、锌、锰五位一体在线联合检测仪和砷、铬、汞在线分析仪，已在湘江流域长沙市二水厂、马家河、朱亭和草市镇 4 个水质自动监测站投入应用，实时监控湘江水质，数据有效率保证在 95% 以上，确保了饮用水的安全。依托湖南力合科技发展有限公司建成了重金属在线监测仪器中试平台和标准化生产线，形成了年产 200 台（套）以上的生产能力。研发的仪器已广泛应用于水质、环保、电镀、冶炼等领域，并在广西龙江镉污染、高州水库、紫金矿业等重金属污染事故中的现场和预警监测中发挥了重要作用。

#### 2.2.5.5 水环境重金属污染仿真与管理决策系统应用

在国家水体污染控制与治理重大专项课题的支持下，开发了融合 GIS 技术、计算机仿真技术和虚拟现实技术的水环境重金属污染仿真与管理决策系统；在株洲枫溪港至湘潭易俗河水厂湘江主干流、总长 20km 范围内建立了"湘江水环境重金属污染仿真与管理决策系统"示范工程。

湘江水环境重金属污染仿真与管理决策系统应用示范如图 2-13 所示。

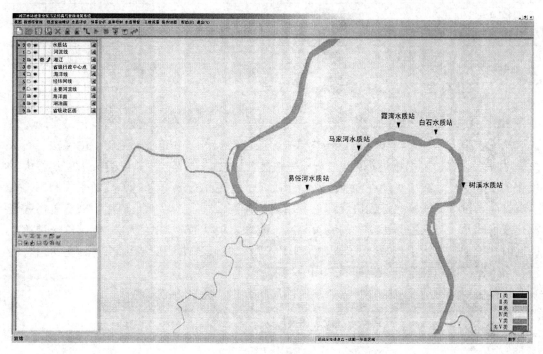

图 2-13　湘江水环境重金属污染仿真与管理决策系统应用示范

通过与在线监测数据的连接，该系统将仿真和评价结果通过互联网输出到客户端，实现仿真服务系统的动态模拟功能、评价功能、预测功能、可视化分析。示范工程建设提高了湖南省环境管理机构对湘江流域水环境的常规监管能力、流域水环境突发事件的快速反应能力、跨行政区域的协同管理能力、信息发布能力和辅助决策能力[63]。

### 2.3　水污染控制技术发展现状分析

近十几年以来，我国有色冶炼企业在先进环保技术上取得显著成效，在资源回收利用、废水处理和循环利用方面有一定进步。如我国重点铜冶炼企业的吨铜产品新水消耗量已从 2006 年的 $25m^3$ 降低至 2019 年的 $16m^3$ 以下，降幅达 36%。新鲜水消耗快速降低的同时，也会减少对环境的污水排放，这是我国铜冶炼行业最显著的进步。此外，随着行业技术发展，废水治理技术取得一定进展，冶炼企业水回用率也将逐步提高。我国铜、铅、锌冶炼行业工艺水耗及产污水平见表 2-4。

表2-4　铜、铅、锌冶炼行业工艺水耗及产污水平

| 类别 | 工艺 | 新鲜水消耗（以产品计）/t·t⁻¹ | 废水排放量（以产品计）/t·t⁻¹ | 污染物排放量（以产品计）/kg·t⁻¹ | | | | | | |
|---|---|---|---|---|---|---|---|---|---|---|
| | | | | COD | 氨氮 | 石油类 | 砷 | 铅 | 镉 | 铜 |
| 铜 | 火法炼铜 | 10~16 | 5.1~7.7 | 0.17 | 0.02 | 0.025 | 3.2 | 0.03 | 0.01 | 0.35 |
| 铅 | 水口山法 | 9~13 | 2.0~4.2 | 0.20 | 0.02 | 0.020 | 3.6 | 0.065 | 0.38 | 0.016 |
| | 基夫赛特 | 9~12 | 2.3~4.8 | 0.20 | 0.02 | 0.020 | 3.3 | 0.060 | 0.36 | 0.012 |
| 锌 | 焙烧—浸出—电解 | 12~16 | 5.2~6.5 | 0.17 | 0.02 | 0.025 | 0.25 | 0.15 | 0.025 | 0.008 |

### 2.3.1　污酸及酸性废水污染控制技术发展现状

目前，污酸废水污染控制技术已由早期的单一的中和发展到多级中和氧化，实现了重金属从废水中去除，中和法包括石灰中和法、铁盐—氧化—中和法、硫化—中和法、石灰—铁盐（铝盐）法、高浓度泥浆法+石灰—铁盐（铝盐）法等，但是此类技术需消耗大量硫化钠、石灰，存在出水硬度高、废水回用困难，且不能实现重金属和酸的回收利用，重金属排放总量大、渣量大，废渣资源化利用难，存在二次污染等问题。近年来随着污酸资源化技术的开发与应用，污酸中的有价金属、酸均实现了回收利用，在避免有价资源流失的同时减少了二次污染，总体而言，污酸废水污染控制技术经历了由单项治理到综合治理，由水循环利用到全资源化回收利用的过程。

目前主要的污酸废水处理技术工艺的原理与适用性见表2-5。

表2-5　典型污酸废水污染控制技术工艺及其原理与适用性

| 技术工艺 | 技术原理与适用性 |
|---|---|
| 石灰中和法 | 向废酸及酸性废水中投加石灰，使氢离子与氢氧根离子发生中和反应。该技术可有效中和废酸及酸性废水，同时对除汞以外的重金属离子也有较好的去除效果，重金属去除率可大于98%。该技术对水质有较强的适应性，工艺流程短，设备简单，原料石灰来源广泛，废水处理费用低。但出水硬度高，难以回用；底泥过滤脱水性能差，成分复杂，含重金属品位低，不易处置，易造成二次污染，难以回收有价金属 |
| 铁盐—氧化—中和法 | 采用氧化剂（漂白粉、次氯酸钠等）和鼓入空气氧化等方法，将三价砷转化为五价砷，再用铁盐生成砷酸铁共沉淀法除砷 |
| 硫化—中和法 | 向水中投加碱性物质，形成一定的pH条件，再投加硫化剂，使金属离子与硫化剂反应生成难溶的金属硫化物沉淀而去除。该技术可用于去除水中重金属，去除率高，沉渣量少，便于回收有价金属；但硫化剂费用高，反应过程中会产生硫化氢（H₂S）气体，有剧毒，易对人体造成危害。该技术适用于含砷、汞、铜离子浓度较高的废酸及酸性废水的处理 |

| 技术工艺 | 技术原理与适用性 |
|---|---|
| 石灰—铁盐（铝盐）法 | 向废水中投加石灰乳和铁盐或铝盐（废水中含有氟离子时需投加铝盐），将 pH 调整至 9~11，去除污水中的砷、氟、铜、铁等重金属离子。铁盐通常使用硫酸亚铁、三氯化铁和聚合氯化铁，铝盐通常使用硫酸铝、氯化铝。该技术除砷效果好，工艺流程简单，设备少，操作方便，可使除汞之外的所有重金属离子共沉。各种离子去除率分别为：氟 80%~99%，其他重金属离子 98%~99%。该技术适用于含砷、含氟废水的处理 |
| 生物制剂法 | 将具有特定降解能力的复合菌群代谢产物与其他化合物复合制备成重金属废水处理剂，重金属离子与重金属废水处理剂经多基团协同作用，絮凝形成稳定的重金属配合物沉淀，去除水中的重金属离子。该技术处理效率高，处理设施简单，运行成本低，且可应用于对现有斜板沉淀设施的改造。适用于处理含重金属浓度较高的冶炼烟气制酸系统产生的废酸 |
| 膜分离法 | 利用天然或人工合成膜，以浓度差、压力差及电位差等为推动力，对二组分以上的溶质和溶剂进行分离提纯和富集。常见的膜分离法包括微滤、超滤和反渗透。该技术分离效率高，出水水质好，易于实现自动化；但膜的清洗难度大，投资和运行费用较高。该技术适用于粗铅冶炼废水的深度处理 |
| 离子交换法 | 采用交换剂自带的可自由移动的离子与被处理溶液中的离子进行离子交换。该技术占地面积小、管理方便、重金属离子脱除率高，处理得当可使再生液作为可利用资源回收，不会对环境造成二次污染，是处理废水中重金属离子的理想方法之一。但一次投资较大，交换剂易受污染或氧化失效，再生频繁，操作费用较高。该方法在污染物特定浓度范围内有较好应用效果 |
| 生物法 | 利用生物及生物代谢产物等使废水中重金属离子改变形态或氧化、还原等，再进一步去除的方法。该技术具有效率高、成本低、二次污染少、环境友好等优点，近年来在重金属废水处理领域引起了人们普遍关注。目前生物法处理重金属废水主要通过生物吸附、生物转化、生物絮凝等生物化学过程，但吸附饱和容量小，对于高浓度重金属废水，在工业化应用上存在局限性，部分研究仍在进行中 |
| 稀硫酸浓缩法 | 在加热的情况下，废酸中部分水形成蒸汽被脱除，废酸溶液中的硫酸浓度得到提高；同时，随着水量的减少，会导致溶液中的三氧化二砷因过饱和而析出。有研究显示，该工艺可以显著脱除废酸中的砷、氯、氟等有害离子，但对重金属离子的去除没有研究。该工艺水分的蒸发需要大量的热能，浓缩对蒸汽温度要求比较高，设备运行、维护费用高 |
| 硫化+石灰铁盐法 | 硫化法是指向水中投加硫化剂，与重金属离子反应生成难溶的金属硫化物沉淀，使硫化渣中砷、镉等含量大大提高，在去除污酸中有毒重金属的同时实现重金属的资源化。硫化剂包括硫化钠、硫氢化钠、硫化亚铁等。该方法可提高重金属的净化效果，但是渣与砷的污染控制仍然难以解决。该技术适用于处理含重金属浓度较高的冶炼烟气制酸系统产生的废酸。由于该技术需消耗硫化物，污水处理的运行成本较高。处理过程中产生的硫化氢气体易造成二次污染，处理后的水中硫离子含量超过排放标准 |

| 技术工艺 | 技术原理与适用性 |
|---|---|
| 高浓度泥浆法（石灰）—铁盐（铝盐）法 | 在高浓度泥浆法工序去除 80% 以上重金属后使用铁盐石灰法进一步去除砷、氟等污染物，适用于处理含砷量较高的废酸，工程投资约 6000 元/m³ |
| 气液强化硫化—蒸发浓缩—催化吹脱技术 | 通过气液强化硫化装置将污酸中的砷及部分重金属进行脱除，然后通过选择性电渗析将污酸进行酸的浓缩分离，再使用酸浓缩热吹脱设备进一步浓缩酸至 60% 以上，实现氟氯从酸中直接分离以回收酸。该技术具有处理效果好、安全性高、能耗低、运行成本低、抗冲击负荷强、自控程度高、零排放等特点，一方面可以在不带入盐分的前提下实现污酸的深度处理；另一方面通过电渗析—浓缩吹脱工序实现酸、有价金属和水资源的高效回收，大大减少危险废渣的产生量，可克服常规处理方法的弊端。该技术适用于粗铅冶炼污酸资源化处理 |
| 蒸发浓缩—催化吹脱 | 使溶剂汽化而溶质不挥发完成分离或溶液浓缩到饱和析出溶质的方法，蒸发浓液采用高效热风催化吹脱实现污酸中的硫酸浓缩、铁酸分离、锌酸分离与氟氯脱除。该技术成熟、工艺简单，适用于浓缩回收废酸或碱液等，不作一般废水处理 |

随着环保要求越来越严格，对污酸废水污染控制技术提出了更高的要求。对于在治理污染的同时如何实现资源的最大化和污染的最小化，中南大学环境研究所率先研制了废酸资源化治理成套技术，采用"气液强化硫化—电热耦合浓缩—氟氯分离工艺"实现了重金属、酸的全部回收利用，解决了困扰企业多年来废酸处理渣量大、资源流失、处理成本高昂的难题，该新技术可实现废酸中有价资源的高效回收和利用。湖南株冶有色污酸采用"污酸废水资源处理与回用成套技术"，实现了污酸中砷、锌有效分离，砷的分离效率 99% 以上，锌分离效率 95% 以上，同时污酸废水中的酸回收率可达 95% 以上。梯级硫化分离砷得到的砷渣中砷含量达 50% 以上，锌渣中锌含量 60% 以上，实现了污酸中有价金属的回收、砷的单独分离，锌冶炼污酸处理产生的渣量小于 2kg/m³，为原硫化中和工艺的 5%。紫金铜业 500m³/d 冶炼废（污）酸气液强化硫化示范工程可年减少硫化钠用量 800t，减少硫化渣 1500t。已在多个铜冶炼、黄金冶炼、铅锌冶炼企业建设了示范工程。

## 2.3.2 重金属综合废水污染控制技术现状

传统冶炼重金属综合废水处理基本采用投加石灰中和处理废水后排放方式，但随着各种冶炼环境（如原矿品位、冶炼工艺、收尘措施、环保政策及标准要求）的转变，传统的中和法已无法达到标准要求，逐渐发展到多级中和法、硫化法—石灰铁盐法、离子交换法、电解法、生物法、生物制剂法等。

目前国内主流的冶炼综合废水处理技术见表 2-6。

表 2-6 综合废水主要处理技术

| 处理方法 | 化学沉淀法 | 电絮凝方法 | 生物制剂深度处理与回用技术 | 混凝沉淀与吸附法 |
|---|---|---|---|---|
| 处理原理 | 主要包括石灰中和法和硫化物沉淀法。投加碱中和剂或硫化物，使废水中重金属离子形成溶解度较小的氢氧化物、碳酸盐和硫化物沉淀而去除 | 使用电能电解消耗铁板或铝板代替化学药剂的电絮凝处理方法 | 生物制剂法是以硫杆菌为主的复合功能菌群代谢产物与其他化合物进行组分设计，通过基团嫁接技术制备含有大量羟基、巯基、羧基、氨基等功能基团组的生物药剂，与废水中的重金属离子进行复合配位，形成稳定的重金属配合物，由于生物制剂兼有高效絮凝、协同脱钙作用，从而实现重金属离子和钙镁离子的高效脱除、净化 | 在混凝剂的作用下，使废水中的胶体和细微悬浮物凝聚成絮凝体，然后予以分离除去的水处理法。它既可以降低原水的浊度、色度等水质的感观指标，又可以去除多种有毒有害污染物。然后再通过吸附剂吸附将废水中的污染物去除。活性炭是一种很细小的炭粒，有很大的表面积，由于炭粒的表面积很大，所以能与气体（杂质）充分接触。这些气体（杂质）碰到毛细管被吸附，可起净化作用 |
| 处理效果 | 传统化学沉淀法无法实现废水中多金属的同时深度净化，出水重金属离子难以稳定达到国家排放标准，易产生二次污染 | 对镉、砷、铅、锌等重金属离子有较好的处理效果。对危害最严重的汞等离子不能脱除 | 对镉、砷、铅、锌、汞、铜等重金属离子均有很好的处理效果，对汞也能高效脱除。处理后各重金属离子浓度远低于《铜、镍、钴工业污染物排放标准》（GB 25467—2010） | 主要通过压缩双层，吸附电中和、吸附架桥、沉淀物网捕等机理，使水中细微悬浮粒子和胶体离子脱稳、聚集、絮凝、混凝、沉淀，达到净化处理效果 |
| 脱钙（降硬度）与回用 | 人为投加钙离子使得净化水硬度高而无法实现大规模回用 | 不能脱除废水中的钙离子，净化水硬度高，难以实现大规模回用 | 生物制剂具有协同高效脱钙作用，钙离子可控脱除到50mg/L以下，处理后的低钙净化水可以实现大规模回用 | 活性炭孔径不均匀，没有筛分性能，对钙离子只有物理吸附，吸附效果不大 |
| 处理成本 | 较低，2~3元 | 较高，5~6元/m³ | 较低，1.5~4元/m³ | 高昂，与污染物浓度关系较大 |

| 处理方法 | 化学沉淀法 | 电絮凝方法 | 生物制剂深度处理与回用技术 | 混凝沉淀与吸附法 |
|---|---|---|---|---|
| 药剂消耗量 | 主要消耗种类：NaOH、Ca(OH)$_2$、Na$_2$S、H$_2$SO$_4$、PAC、PAM、FeSO$_4$ 等。<br>消耗量：量大，且不易控制 | 主要消耗种类：电能、极板（铁板或铝板），大量的碳酸钠、NaOH。消耗量：电能消耗量大（约 5~6kW·h/m$^3$），极板消耗量大（0.10~0.15 kg/m$^3$） | 主要消耗种类：具有发明专利的生物制剂。消耗量：生物制剂 300~500mL/m$^3$ | 主要消耗种类：絮凝剂、活性炭等。<br>消耗量大，若不调节 pH 值难以处理水中的污染物，且活性炭回收难 |
| 自动控制 | 自动化程度差 | 自动化程度高 | 自动化程度高 | 不能自动化控制 |
| 故障率和连续运行 | 易结垢，需经常清理 | 极板易结垢，更换极板，单套设备间断运行 | 故障少、可连续运行 | 活性炭吸附法吸附容量有限，达到穿透点后，活性炭需更换再生，无法实现连续处理，操作难度大。实际工程难以达到实验室处理效果 |
| 占地面积与额外投资 | 占地面积大 | 需要建设一个 90~150m$^2$ 的设备间，放置电絮凝设备、配电柜、加药装置、控制室等；电絮凝系统功率较大，用户需额外增加变压器等设施 | 占地面积较少，系统用电量小 | 占地面积小，投资大 |
| 渣量 | 渣量大，成分复杂，品位低 | 渣量大，渣含铁量高 | 渣量小，渣中金属含量高，利于资源化 | 吸附饱和的炭难以继续使用，絮凝渣污染物含量高，容易发臭 |
| 适应性 | 适应性很差，对水质成分复杂且不稳定、水量变化大的污水难以达标处理，且会浪费大量药剂 | 需要对整个电絮凝系统设备进行调整，Hg 等去除效果差 | 适应性强，只需调整药剂的投加量即可。能高效脱 Hg | 活性炭吸附法适合处理低浓度重金属废水和有机废水，对于较高浓度的废水，很容易吸附饱和，需要更换活性炭 |

续表 2-6

| 处理方法 | 化学沉淀法 | 电絮凝方法 | 生物制剂深度处理与回用技术 | 混凝沉淀与吸附法 |
|---|---|---|---|---|
| 应用前景 | 应用广泛，但由于对重金属和钙脱除效果差，难以稳定达到最新的国家排放标准 | 对镉、砷、铅、锌等重金属脱除效果较好，但对铊、汞脱除效果差 | 对铊、镉、砷、铅、锌等重金属离子均有很好的处理效果。对汞也能高效脱除。由于生物制剂兼有高效絮凝、协同脱钙作用，处理后的低钙净化水可以轻易达到用户的回用要求，实现大规模回用，应用前景广泛，是含重金属冶炼废水的首选技术 | 该方法主要适用于低浓度污染物废水的深度处理，在饮用水净化应用前景较好 |

随着国家对环境保护愈加重视，有色金属冶炼废水处理技术也在不断提升，随着膜分离技术的不断成熟与处理成本的降低，综合废水排放已由达标排放向近"零排放"转变。

# 3 有色金属冶炼行业重大水专项形成的关键成套技术及其示范

## 3.1 废水源头绿色替代技术及清洁生产节水技术

### 3.1.1 常压富氧直接浸锌减污技术

#### 3.1.1.1 技术原理

锌精矿常压富氧直接浸出技术是利用铁的价态变化来实现硫化锌的直接浸出，直接获得浸出液和硫黄，从而取代传统湿法炼锌过程中的精矿干燥、焙烧、浸出和制酸[64]。与传统炼锌工艺相比，减少锌业态焙烧和制酸系统，且锌总回收率高、操作成本低、环境污染小。该工艺采用硫化锌精矿搭配锌浸出渣常压富氧直接浸出，采用"顺流浸出"工艺优化方案（见图3-1），将"低浸"与"高浸"串联浸出，"低浸"阶段重在浸出，"高浸"阶段重在控制氧化还原气氛，控制高酸浸出后液中高铁离子和亚铁离子的比例（三价铁降至1g/L以下），保证精矿的浸出效果和沉铁要求。废液由高酸溢流槽加入，直浸溶液全部经硫浮选。浮选后的高酸溢流经原沉铟反应器进行精矿预还原，三个沉铟反应器中最后一个反应器内加中性底流进行预中和，沉铟浓缩槽溢流送沉铁工序，进行针铁矿沉

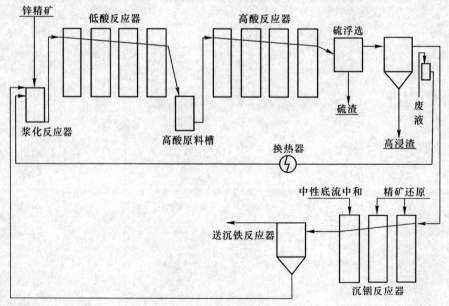

图3-1 还原优化改造后的顺流工艺流程

铁。并通过降低系统循环流量，延长浸出反应时间，提高浸出反应终酸的酸度、浸出反应温度和氧气单耗等一系列改进提高直浸浸出率。

通过将氧化锌三段浸出改两段浸出（见图3-2）和氧化锌上清直接萃取提铟新工艺（见图3-3），消除浸出过程铟铁矾的形成，减少锌粉置换沉铟、富集渣转运、富集渣浸出等工序，消除铟在锌粉置换和富集渣二段浸出等工序损失，提高铟回收率[65]。

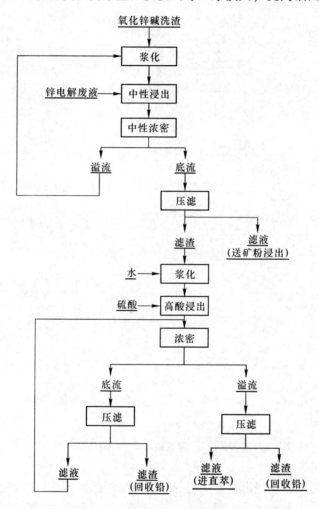

图3-2　氧化锌两段浸出生产工艺流程

常压富氧浸锌过程中，硫酸锌浸出液的净化是关键环节之一。当硫酸锌净化液中氯含量超过300mg/L时，阳极板会出现溶解"烧板"现象，严重腐蚀阳极板。电流效率下降，电锌产品杂质升高，贵重的阳极板损害严重，生产设备腐蚀严重，增加生产成本，同时加重现场环境污染。针对湿法炼锌氯含量高的问题，开展铜渣除氯工艺及除氯渣资源化利用的研究，利用铜及二价铜离子与溶液中的氯离子相互作用，生成难溶的氯化亚铜沉淀，进而从溶液中将氯除去，实现以废制废及资源化利用。

常压富氧浸出工艺会产生大量的沉铁渣，且与常规焙烧浸出工艺产生的沉铁渣型不同，利用回转窑高温挥发处理存在锌和铟的挥发率较低、氧化锌质量较差、氧化还原气氛

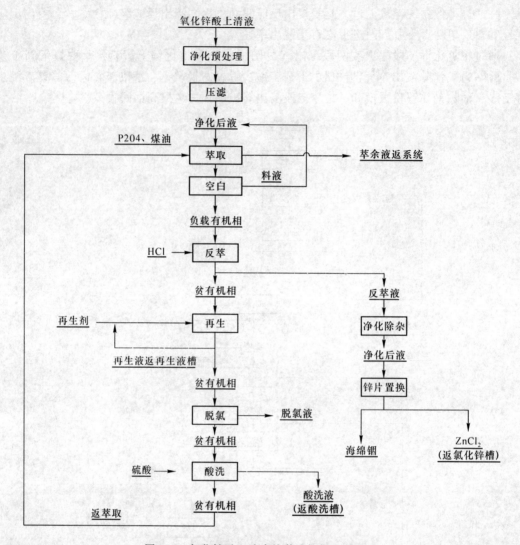

图 3-3　氧化锌酸上清直接萃取提铟工艺流程

不容易控制等问题，通过将直浸沉铁渣高温处理并分析产品得到物料特点，开发了资源化利用途径；同时针对该工艺产生的大量硫黄渣也开发了利用元素硫固定回收金属硫化物的方法，实现重金属废渣的资源化。

### 3.1.1.2　技术路线

（1）在引进的常压富氧浸出工艺基础上，通过解决硫渣漂浮、有机物烧板、底流渣凝聚成团、铁沉淀等问题改进工艺流程，实现锌的高效酸浸和除铁。

（2）针对浸出液中铟在针铁矿沉铁过程中几乎全部转入铁渣，富集于氧化锌，在氧化锌酸浸及富集置换过程形成大量铟铁矾，导致铟富集渣浸出率降低等问题，将氧化锌三段浸出改两段浸出和氧化锌上清直接萃取提铟，浸出过程消除铟铁矾的形成，提高铟回收率。

（3）针对湿法炼锌氯含量高的问题，常压富氧浸锌过程硫酸锌浸出液氯含量会偏高，充分利用浓密底流含铜渣高效脱除硫酸锌溶液中的氯。

（4）在研发改进该工艺的同时还对产生的大量沉铁渣和硫黄渣开展了资源化利用研究。

### 3.1.1.3　主体设备

浆化反应器、低酸反应器、高酸反应器、沉铟反应器、沉铁反应器、浓密机。

### 3.1.1.4　技术发展、提升、应用

针对常压富氧处理锌渣"逆流浸出"工艺产生的硫渣漂浮、底流渣凝聚成团、铁沉淀等问题，创新研发了"顺流浸出"工艺，突破了冶炼过程铟回收、湿法除氯及除氯渣、沉铁渣和硫渣资源化等关键技术，在国内外率先形成了常压富氧浸锌处理锌渣的清洁生产减污技术体系。

（1）该技术在引进的芬兰锌精矿常压富氧浸出技术工艺基础上，通过系统研究探索，将原逆流工艺改成了"顺流浸出"工艺，并进行了配套工艺装置优化，实现整班系统流量波动率由原来的 50% 有效降低至目前的 10%；系统循环流量由改进前 240m³/h 左右降低至目前150m³/h 左右；硫渣水溶锌明显下降，由原来的 5.5% 下降至 3% 左右，提高了系统锌的直收率；有效降低了高浸渣和硫渣中锌的含量，由原来的 7% 左右降低至目前低于5% 的水平；铁渣品位由原来的 25% 左右提升至目前的 31% 左右。

（2）针对传统铟回收工艺存在的铟回收率不足 40%，该工艺将氧化锌三段浸出改为两段浸出和氧化锌酸上清直接萃取提铟新工艺。新工艺可以使锌浸出回收率提高约 3%，铟浸出率提高 6% 以上；铟直接萃取过程铟的回收率大于 91.27%；粗铟含铟品位在99.50% 以上，远高于原工艺生产所得的粗铟含铟量。新工艺减少了铟富集沉铟和铟富集渣两段浸出工序，年可节约锌粉近 133000t，节约锌粉加工成本 1500 万元，同时消除锌粉置换时砷带来的危害。

（3）针对常压富氧浸锌过程中产生的含氯硫酸锌溶液，采用直浸过程浓密底流含铜渣加入直接浸出中上清液实现高效脱氯。2011 年，株冶常压直接浸出系统年产除氯铜渣近1800t，含铜约 925t，通过铜系统回收的粗铜量达到 878.9t，铜回收率为 95%。该工艺不仅实现直接浸出炼锌过程溶液高效铜渣脱氯，同时对除氯渣通过铜富氧熔炼过程回收粗铜，实现了资源化利用。

（4）针对现有生产工艺中的常压富氧直浸产生的沉铁渣，采用高温挥发法，Zn、Pb、In 和 Ag 的挥发率分别达到 95.20%、97.41%、89.86% 和 5.21%。Cu、As、S 在残渣中的固化率分别可达 98.56%、67.74% 和 4.84%。

（5）以浸锌工艺产生的硫黄渣为处理对象，搭配株冶产生的含汞污酸废渣、石膏渣等废渣，以此作为重金属废渣制备硫黄胶凝材料的原料，实现硫黄渣的资源利用以及其他废渣的无害化处理。

### 3.1.1.5　成本与效益

电锌产能 13 万吨/年（包括搭配处理锌浸出渣 16.1 万吨/年，渣中含锌约 3 万吨/

年)[66]，锌渣浸出率提高了 20%；冶炼过程中的元素综合回收率提高了 15% 左右，其中年回收锌 3 万吨左右，银 10 余吨，新增产值 3.5 亿元左右。新工艺淘汰了传统的挥发窑处理浸出渣以及焙烧和制酸系统设备，节省企业投资（约 27000 万元），每年可减少排放含高浓度汞、镉、砷的污酸 18 万立方米，减少生产水耗 41 万立方米、循环冷却水耗 122 万立方米，以及减排 $SO_2$ 约 8000t，减排 $CO_2$ 约 38.7 万吨/年，实现有色冶炼过程清洁生产及废渣的综合处理，直接环境效益可观。

### 3.1.2  电解锌重金属水污染过程减排成套工艺平台

#### 3.1.2.1  技术原理

传统的电解锌电解车间在出槽及泡板工序会产生大量含铅、镉和砷等重金属的废水。生产现场采用落后的吊装设备，阴极板在吊装过程中挟带的电解液、泡板液直接洒落到地面或人体，给工人的身体健康带来了危害；同时电解车间的泡板槽是锌冶炼酸性重金属废水的主要来源。针对电解锌电解车间 5 个重金属工艺废水产生工序的具体情况，为取消泡板槽，一次性整体解决电解车间所有污染源产生的重金属水污染物[67]，实现电解车间重金属废水无外排处理，将阴极板从电解槽出槽到电解槽入槽的工艺流程按照清洁生产原则进行调整、优化和重新设计，如图 3-4 所示。

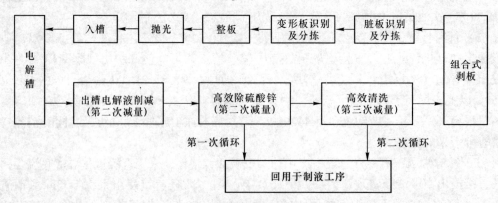

图 3-4  电解锌电解车间总体工艺方案设计

针对传统工艺的第 1 个产污点位，即出槽过程阴极板挟带大量电解液，淋落地面、飞溅人体，同时污染后道泡板水，课题组提出了阴极板出槽过程原位削减挟带液，实施第一次减量，从源头大幅度削减污染物；针对传统工艺由使用泡板槽衍生的第 2 个（带锌板起板挟带液）、第 3 个（光板起板挟带液）及第 4 个（泡板水）产污点位，提出在阴极板出电解槽后高效去除阴极板表面的硫酸锌结晶物，即第二次减量；进一步通过高效清洗削减清洗废水，实现第三次减量。通过上述三次减量技术，彻底取消泡板槽，同时取消了传统工艺泡板环节第 2 个、第 3 个和第 4 个产污点，进一步将新工艺各工序废水的水质水量特性与电解锌工艺过程结合，设计两次循环。在干法去除硫酸锌环节将回收的硫酸锌循环利用于电解锌制液工序，此为第一次循环。在高效清洗环节将仍将产生的少量清洗水循环回用于电解锌制液工序，即第二次循环。通过"三次减量、两次循环"，实现了工艺过程产生污染物和废水的削减和资源化利用，并通过装备的封闭化和自动化，降低了工人接触重金属被污染的机会；同时，不再有废水、废液的洒落等问题，再无需耗费大量冲洗水进行清洗。自此，解决了传统工艺第5个污染点位冲洗废水产生的问题。

该工艺将传统工艺产污点位由5个减为2个，且通过循环利用实现了这2个产污点硫酸锌结晶物及清洗水的资源回用，完全取消了电解车间最大的重金属废水来源——泡板槽，不再有废水外排。

### 3.1.2.2 技术路线

(1) 设计工艺流程。分析现有工艺流程，找出所有重金属废水产生和排放的点位，按照先减量、再循环的原则，通过研究重金属废水产、排点位具体情况，将其逐一规定为重金属废水减量点位或循环利用点位，设计并确定总体上具备关键污染物削减指标达标潜力的工艺流程。

(2) 研究工艺参数。通过水量水质的实测数据研究电解车间水平衡及主要金属平衡，利用数理统计模型和正负反馈方法，研究和定量确定各工序减量百分比、循环百分比、各工序最佳用时和工艺流程总用时等控制性指标。

(3) 研发核心技术。研发实现上述工艺流程和工艺参数的关键核心技术，包括按照"源头控制、过程削减、循环利用"原则研发的清洁生产关键核心技术，以及与实施清洁生产关键核心技术配套的高新实用装备制造技术[67]。

(4) 建设示范工程。研究和解决对涉及多学科、大跨度、跨领域的单项技术进行集成的技术瓶颈，以扩展机械手功能为核心，将生产流水线上三维空间内孤立零散分布的十几个工序有机集成为一整套大型自动化装备，根据建设规模总体要求优化分解各单体技术的具体参数取值，建设示范工程。

### 3.1.2.3 主体设备

该工艺的主体设备（见图3-5）包括：(1) 阴极板刷沥装置；(2) 出入槽精准定位装置（绝对坐标定位）；(3) 干法除硫酸锌装置；(4) 高效针喷清洗装置；(5) 组合式剥板装置（高频振打设备、小刀铲口设备、大刀剥离设备）；(6) 脏板自动识别及分拣设备；

(a)                    (b)

(c)

(d)

(e)

(f)

(g)

(h)

(i)          (j)

图 3-5 电解锌重金属污染过程减排大型自动化装备

（a）阴极板刷沥装置；（b）出入槽精准定位装置；（c）干法除硫酸锌装置；（d）高效针喷清洗装置；
（e）高频振打设备；（f）小刀铲口设备；（g）大刀剥离设备；（h）脏板自动识别及分拣设备；
（i）变形板自动识别及分拣设备；（j）机械手多功能集成设备

（7）变形板自动识别及分拣设备；（8）机械手多功能集成设备（具备精准定位、出槽刷收、入槽导向和系统集成等功能，集三维嵌入式软件控制系统、功能执行系统、主体执行系统于一体，将原生产流水线上三维空间内孤立零散分布的十几个工序有机集成为一整套大型自动化装备）。

### 3.1.2.4 技术发展、提升、应用

经工艺流程设计—工艺参数研究—核心技术研发—示范工程建设研发流程，开发了集源头控制、过程削减、循环利用以及装备制造为一体的集成技术，建成与 10000t 电解锌/年生产线相配套的成套工艺平台，集电解出槽原位刷收阴极板挟带液—硫酸锌智能识别及干法去除—高效针喷清洗—脏板智能识别及分拣—变形板灵变识别及分拣等 11 个工序一体化，在宽 16m、长 65m 的生产线上实现机械手运动误差≤±1mm，削减电解出槽阴极板挟带液 82.26%，削减硫酸锌结晶物 98% 以上，削减清洗废水 80.12% 工艺目标，实现硫酸锌结晶物及含锌清洗水的循环利用[67]。泡板槽是电解锌行业标志性设备，也是电解车间最大的重金属废水来源[68]。该技术彻底取消了在电解锌行业存在了 100 多年的泡板槽，使其成为历史[61]。该工艺已在湖南省花垣县太丰冶炼有限责任公司、宁夏天元锰业有限公司等企业成功推广应用。

### 3.1.2.5 成本与效益

**A 环境效益**

以 10 万吨/年规模生产线为例，通过该技术装备的建设实施，企业可以获得以下环境

效益：年削减由阴极板电解出槽带出的一类危险物铅 610kg、镉 30kg；削减电解车间废水产生总量 80.12%，每年削减废水 30500m³。

　　B　经济效益

　　该技术已建成 10 万吨级电解锌示范工程，总投资约 3000 万元，通过近一年的运营，减少废水排放量约 30500m³/a，节约废水处理成本约 130 万元/年；年回收锌约 400.8t，产生经济效益约 630.6 万元；年回收锰约 80t，产生经济效益约 100.4 万元；年回收铅约 0.61t，产生经济效益约 1 万元；年回收铜约 2.3 万吨，产生经济效益约 10.1 万元；年节约清水使用量约 30500m³，产生经济效益约 19 万元。由于采用了自动化设备，各个工序减少了用工量，因此，每年可节约人工费用约 1400 万元。

## 3.2　末端控制技术

### 3.2.1　污酸及酸性废水污染控制成套技术

#### 3.2.1.1　酸性高砷废水还原—共沉淀协同除砷技术

　　A　技术原理

　　针对硫精矿制酸产生的酸性高砷废水处理难题（砷浓度极高、不同形态砷共存、强酸性），以硫化亚铁与硫化钠为硫源，在酸性条件下将 As（Ⅴ）还原为 As（Ⅲ），并进一步快速生成 $As_2S_3$ 共沉淀，创建了基于砷形态调控的"酸性高砷废水还原—共沉淀协同除砷技术"[69]。

　　B　技术路线

　　酸性高砷废水还原—共沉淀协同除砷工艺路线如图 3-6 所示。

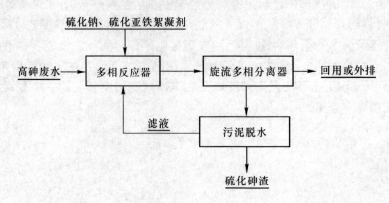

图 3-6　酸性高砷废水还原—共沉淀协同除砷工艺路线

C 主体设备

多相反应器和旋流多相分离器。多相反应器内部固定安装了多个反应球混合元件，通过介质在混合器内反复被反应球混合形元件交叉、变位、分割及组合实现混合作用。旋流多相分离器依靠进料压力驱动。在后续给料的推动下，颗粒粒径由中心向器壁越来越大，形成分层排列。随着液体混合物从旋流器的柱滤体部分流向锥体部分，流动断面越来越小，在外层液体混合液收缩压迫之下，密度小的内层液体混合液不得不改变方向而向上运动，形成内旋流，自溢流管排出，成为溢流；密度大的颗粒继续沿器壁螺旋向下运动，形成旋流，由底流排出[70]，从而达到固液分离的目的。

D 成本与效益

出水砷浓度可根据需要达到生产回用（小于 200mg/L）或排放标准（小于 0.5 mg/L）；处理成本与原水砷浓度、形态以及处理水目标（回用或排放）有关，一般为 15~30 元/m³。

### 3.2.1.2 铅冶炼污酸中铅、砷重金属和氟氯离子高效脱除新技术

A 技术原理

为了减少石膏废渣的产生，避免废渣二次污染，以及使污酸废水处理后能循环利用等，利用冶炼厂产生的含氧化铅物料处理污酸，沉淀渣返回冶炼系统，不但能中和污酸，而且能回收利用有价金属资源，处理后的污酸也能满足循环利用的要求；且中和过程中调节适当的 pH 值和铅离子浓度，能大大削减氟、氯、砷的含量。经含氧化铅物料处理后的溶液再通过氧化及铁盐深度处理后，净化水基本满足国家排放要求。

B 成本与效益

单纯处理铅，砷等重金属，运行成本为 10~20 元/m³。脱除氟氯离子，每脱除 1kg 氟离子，处理成本约为 150 元，每处理 1kg 氯离子，处理成本约为 120 元。

## 3.2.2 综合废水处理与回用成套技术

### 3.2.2.1 重金属废水电化学处理技术

A 技术原理

电化学水处理技术是指在外加电场的作用下，在特定的电化学反应器内，通过一系列设计的化学反应、电化学过程或物理过程，产生大量的亚铁离子，进而利用亚铁离子与重金属离子之间的絮凝沉淀反应实现重金属废水的净化。

B 技术路线

电化学处理技术基本工艺流程如图 3-7 所示。

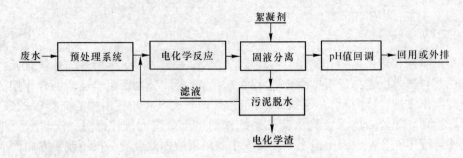

图 3-7  重金属废水电化学处理技术工艺路线

**C  主体设备**

防钝化复合重金属电絮凝装置。

**D  成本与效益**

适用于低浓度重金属废水处理，处理成本约为 1.0~3.0 元/m³。

**3.2.2.2  重金属废水生物制剂深度处理技术**

**A  技术原理**

采用富含多基团的生物制剂与废水中的重金属离子形成溶度积极小的配位化合物而实现深度脱除。发明了重金属废水—多基团配合—水解—脱钙—分离深度净化新工艺，并通过平衡研究，构建了净化水回用指标体系。

**B  技术路线**

重金属废水生物制剂深度处理技术工艺路线如图 3-8 所示。

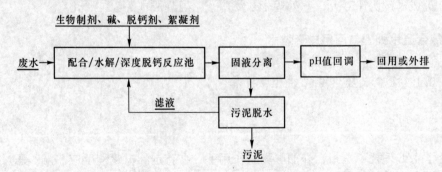

图 3-8  重金属废水生物制剂深度处理技术工艺路线

**C  主体设备**

管道反应器、多级溢流反应器、生物制剂自动投加装置、pH 值自动控制系统、脱钙剂一体化加药装置、絮凝剂自动加药装置。

D　成本与效益

主要消耗药剂量：生物制剂用量 $300 \sim 500 mL/m^3$，碱、脱钙剂等药剂成本 $1 \sim 2$ 元$/m^3$。净化水钙离子可控脱除到 $50 mg/L$ 以下替代新水大规模回用。渣量减少 $20\%$，渣中金属含量高，利于资源化。

### 3.2.2.3　重金属冶炼废水生物—物化组合处理与回用技术

A　技术原理

采用生物制剂工艺对废水中的重金属离子和钙离子进行脱除，部分固液高效沉降分离后的上清液进入超滤—反渗透系统进行脱盐处理，膜系统的产水直接回用，浓水输送至生产系统作为低品质要求的工艺用水。

B　技术路线

重金属冶炼废水生物—物化组合处理与回用技术工艺路线如图 3-9 所示。

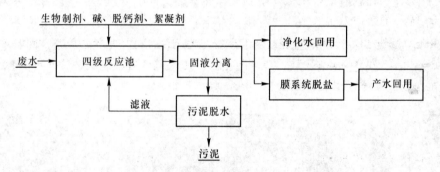

图 3-9　重金属冶炼废水生物—物化组合处理与回用技术工艺路线

C　主体设备

生物制剂处理工艺设备：膜处理系统包括多介质过滤系统、超滤膜系统、反渗透膜系统、药剂投加系统，配套高压泵，流量计，压力表，温度计等设施。反渗透一般采用抗污染型反渗透膜元件，单只膜元件有效膜面积为 $15 \sim 25 m^2$。运行压力为 $0.1 \sim 1.5 MPa$。

D　成本与效益

膜处理综合成本为 $3.0 \sim 4.0$ 元$/m^3$。
废水经处理后，根据原水水质情况，水回收率为 $60\% \sim 90\%$，膜系统产水电导可小于 $100 \mu S/cm$，符合绝大部分企业用水要求。

## 3.3 水污染控制关键成套技术示范工程

### 3.3.1 常压富氧直接浸锌减污技术示范工程

原株洲冶炼集团从芬兰奥托昆普公司引入常压富氧直接浸出技术，同时搭配处理锌浸出渣。该工艺可以推进重金属渣无害化、资源化处理，实现重金属污染的减排、废渣的综合利用，突破了硫化锌精矿搭配焙砂浸出渣直接浸出工艺和难处理含锌物料湿法回收工艺及其与直接浸出工艺的整合两项关键技术[71]。该技术以氧作为强氧化剂，以三价铁作为催化剂，硫以元素硫产出。氧压浸出在密闭反应器中进行，反应温度较高，气体分压较大，使得浸出过程得到强化。锌精矿不经焙烧直接加入压力釜中，在一定的温度和氧分压条件下，直接酸浸获得硫酸锌溶液，原料中的硫、铅、铁等留在渣中，分离后的渣经浮选、热滤，回收元素硫，同时产出硫化物残渣及尾矿，进入硫酸锌溶液中的部分铁，经中和沉铁后进入后续工序处理[72]。示范工程建成投产，稳定运行，电锌生产规模已经接近10万吨/年。常压富氧直接浸锌示范工程大大提高了锌冶炼系统对原料的适应性，直接浸出系统产生的沉铁渣、硫渣等实现资源化利用，有效解决了锌精矿焙烧过程中产生的 $SO_2$、烟尘，环境效益突出。与常规湿法炼锌比，无需焙烧和制酸系统设备，可节省投资 27000 万元，降低生产成本，而且每年可减少排放含高浓度汞、镉、砷的污酸 18 万立方米；取消建设沸腾焙烧炉和制酸系统，每年可减少生产水耗 41 万立方米、循环冷却水耗 122 万立方米；搭配处理锌浸出渣约 16 万吨/年，直接节约用水费用达到 600 万元左右，年减排 $SO_2$ 约 8000t，减排 $CO_2$ 约 38.7 万吨/年；硫化锌精矿冶炼过程的元素综合回收率由 73% 提高到 82% 以上，每年新增锌产能 10 万吨左右，回收锌 3 万吨左右，银 10 余吨，新增产值 10 亿元左右。示范工程现场如图 3-10 所示。

图 3-10　原株冶集团常压富氧直接浸锌减污示范工程

### 3.3.2 1 万吨/年电解锌重金属水污染物过程减排成套工艺平台

通过分析电解车间重金属工艺废水的水平衡和废水中的金属元素平衡，揭示泡板槽中存在的严重锌皮反溶问题，研发了硫酸锌干法去除清洁生产技术，结合研发的高效针喷清洗技术，取消了泡板槽。在此基础上又先后研发了脏板智能识别及分拣、变形板灵变识别及分拣、多功能机械手集成技术等多项清洁生产技术和装备制造技术。

2013年10月建设完成集出槽阴极板原位刷收挟带液—干法除硫酸锌—高效针喷清洗—高频振打—小刀铲口—大刀剥离—脏板智能识别及分拣—变形板灵变识别—液压整形—抛光—精准入槽11个工序于一体的大型整装成套装备，并在试运行期间对部分设备进行优化升级。

第三方监测结果表明，电解出槽阴极板挟带液削减82.26%，电解车间清洗废水产生量削减80.12%，镉离子回收率提高20%以上，净化、镉回收、粗压、电积工序洗滤布水和洗板水全部回用，实现了硫酸锌结晶物及含锌清洗水完全循环利用。

自电解锌行业诞生以来，泡板槽一直是该行业电解车间的标配，也是电解车间最大的重金属废水来源（见图3-11），"移动平台"成功研发彻底取消了在电解锌行业存在了100多年的泡板槽，使其成为历史。

(a)          (b)

图3-11 电解锌车间传统人工生产工艺
（a）出槽挟带大量电解液；（b）重金属废水从4m高空淋落至工人身上，地面横流

该技术在重金属废水源削减方面明显超过国外同类技术，环境、经济和社会效益显著，已在湖南蓝天冶化有限责任公司等电解锌企业推广应用[67]。

建成的1万吨/年电解锌重金属水污染过程减排成套工艺平台如图3-12所示。

(a)          (b)

图3-12 1万吨/年电解锌重金属水污染物过程减排成套工艺平台
（a）出入槽机械手；（b）后处理系统

### 3.3.3　重金属废水生物制剂深度处理技术示范工程

#### 3.3.3.1　江西铜业铅锌金属有限公司总废水深度处理工程

2012 年底在江西铜业铅锌金属有限公司新建设施的基础上新增生物制剂投加系统，2013 年 3 月正式完成工业调试，运行情况良好（见图 3-13）。净化水中重金属离子残余浓度全面达到《铅、锌工业污染物排放标准》（GB 25466—2010）。

图 3-13　江铜铅锌冶炼重金属废水处理示范工程现场

工艺流程如图 3-14 所示。

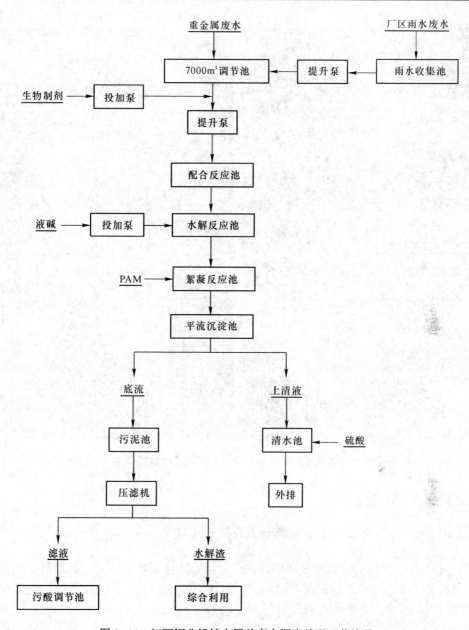

图 3-14 江西铜业铅锌金属总废水深度处理工艺流程

### 3.3.3.2 大冶有色总废水生物制剂深度处理工程

大冶有色金属集团控股有限公司始建于 1953 年, 位于湖北省黄石市, 具有多年的铜冶炼经历。大冶总废水来源主要包括污酸处理后液、初期雨水及其他废水, 主要污染物指标为砷离子, 总废水处理规模为 5000m³/d, 采用 "生物制剂深度处理" 新工艺对废水进行处理, 净化水中砷等重金属离子浓度均稳定《铜、镍、钴工业污染物排放标准》(GB 25467—2010), 工艺运行良好 (见图 3-15), 砷脱除效果稳定, 消除了砷等重金属污染的隐患, 保障企业的正常生产。

图 3-15　大冶有色金属集团控股有限公司总废水处理示范工程现场

工艺流程如图 3-16 所示。

### 3.3.3.3　广西贺州含铊重金属废水应急处理工程

2013 年 7 月广西贺州出现铊污染事件，在原国家环保部华南研究所的邀请下，在污染现场采用重金属废水生物制剂深度处理装置，对现场残留的 300 多立方米的含铊废水进行应急处理，贺州含铊重金属废水处理前情况见表 3-1。

表 3-1　广西贺州含铊废水处理前情况　　　　　　（mg/L，pH 值除外）

| 编号 | pH 值 | As | Cd | Tl | 颜色 |
|------|-------|------|-------|------|--------|
| 1 | 3.95 | 89.7 | 9650 | 102 | 黄色 |
| 2 | 过酸 | 3850 | 20100 | 184 | 蓝绿色 |
| 3 | 1.07 | 167 | 8150 | 125 | 蓝绿色 |
| 4 | 3.16 | 1.527 | 13.7 | 0.22 | 无色微浊 |
| 5 | 6.98 | 0.535 | 7.3 | 0.14 | 浅黄色 |

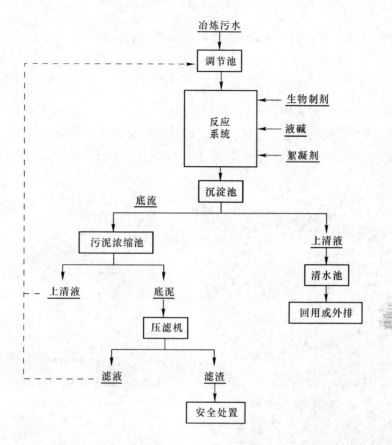

图 3-16 大冶有色总废水生物制剂深度处理工艺流程

采用生物制剂一体化工艺设备对广西贺江铊污染事件污染源应急处理现场设施如图3-17所示。

图 3-17 广西贺江铊污染事件污染源应急处理现场

含铊废水通过生物制剂深度处理后，送广西环保监测测试处理后铊浓度为0.00002mg/L，镉为0.00114mg/L。达到饮用水标准后外排，圆满完成含铊废水的应急处理。

### 3.3.4 重金属冶炼废水生物—物化技术处理与回用示范工程

#### 3.3.4.1 原株洲冶炼集团废水深度处理工程

重金属冶炼废水生物—物化组合处理与回用技术开辟了重金属废水处理与资源化的新途径。该技术具有常规生物法具有的环境友好、无二次污染、价廉高效等优点，在世界最大的锌冶炼企业——原株洲冶炼集团建立了 12000m³/d 废水深度处理示范工程（见图 3-18）。

图 3-18　株洲冶炼集团重金属废水深度处理与回用工程

原株冶集团重金属废水通过多级石灰中和处理，处理后的净化水中 $Zn^{2+}$ 浓度 3~5mg/L，$Cd^{2+}$ 浓度 0.05~0.10mg/L，$Pb^{2+}$ 浓度 0.5~1.0mg/L，As 浓度 0.3~0.5mg/L，钙离子 500~800mg/L，净化水达到《污水综合排放标准》（GB 8978—1996）后排放，通过生物制剂—物化工艺深度处理后净化水中汞、镉、砷、铜、铅、锌等重金属达到《生活饮用水水源水质标准》（CJ 3020—1993），回用水中 $Ca^{2+}$ 浓度低于 50mg/L，废水回用率大于 95%，废水中金属回收率 99% 以上，净化水可全面回用，年减排重金属近 30t，减排重金属废水 400 多万立方米，按 1.2 元/t 计算，每年可节约用新水费用近 500 万元。

工艺流程如图 3-19 所示。

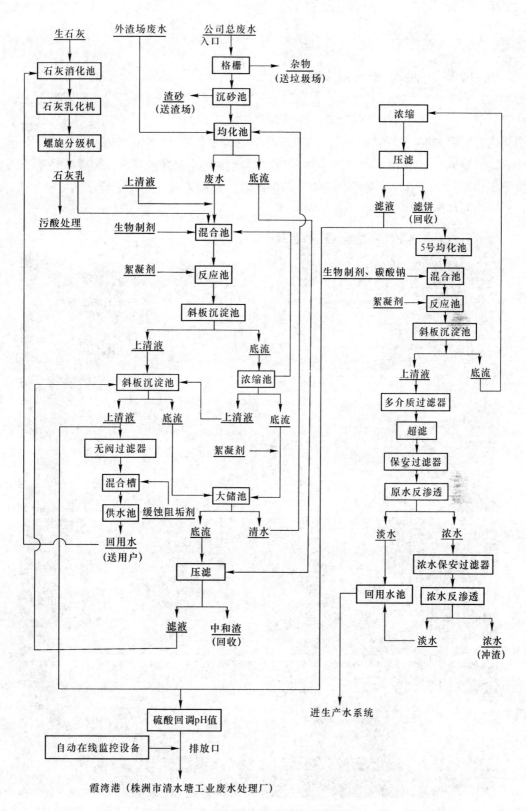

图 3-19 株冶废水深度处理工艺流程

### 3.3.4.2　中金岭南韶关冶炼厂废水零排放处理工程

中金岭南有色金属股份有限公司韶关冶炼厂 4800m³/d 废水站深度处理项目采用"生物制剂协同脱钙—超滤—反渗透—蒸发"工艺（见图3-20），在原有设施的基础上进行了生物制剂协同脱钙处理工艺的改造，2011 年初完成工业调试，运行情况良好。净化水中重金属离子残余浓度全面达到《铅、锌工业污染物排放标准》（GB 25466—2010）。净化水中钙离子控制在 50mg/L 以内，净化水各项指标满足膜处理进水要求，为膜处理系统的长期稳定运行打下了坚实的基础，反渗透的浓水进入蒸发系统，实现了废水的零排放要求，产水全面回用于各生产车间。

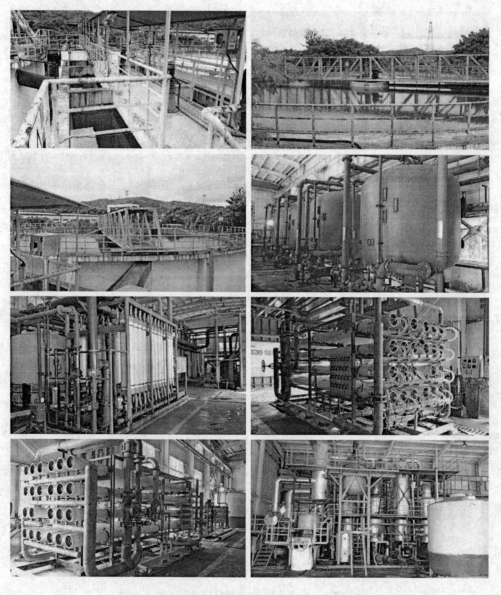

图 3-20　韶关冶炼厂废水站深度处理示范工程

工艺流程如图 3-21 所示。

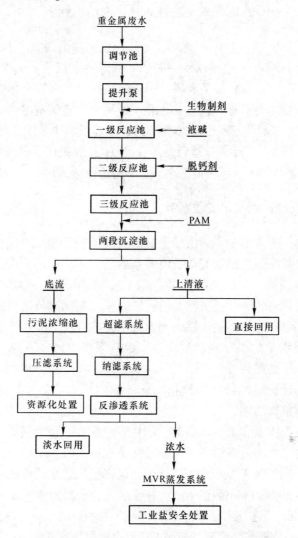

图 3-21 韶关冶炼厂冶炼废水零排放工艺流程

### 3.3.5 重金属废水电化学处理技术工程案例

#### 3.3.5.1 四厂综合废水处理改造工程 （4200m³/d）

水口山有色金属有限责任公司第四冶炼厂废水电絮凝深度处理工程，处理规模 4200m³/d。

采用电絮凝技术，减少了石灰乳投加量，使工艺产渣量降低，在出水重金属达标的前提下，降低了运行成本和出水硬度。该工程于 2008 年 10 月全面完工后，经过 2 个月的调试和试运行，电絮凝系统运行稳定，水口山有色金属有限责任公司安环部环境监测站于 2009 年 1 月 17~22 日对该工程进行运行监测，监测结果显示工程处理效果能满足验收要求。该研发技术在此工程中的成功应用，可实现如下减排目标：Zn 4.30t/a，Cd 0.68t/a，Pb 0.11t/a。

### 3.3.5.2　铅锌渣场渗滤液收集及处理示范工程（100m³/d）

松柏渣场渗滤液产生量为 100~200t/d，渗滤液主要重金属 Zn、Cd、Pb。采用复合电絮凝处理工艺，主要处理单元包括原水—调节—沉降—电絮凝—气浮—絮凝沉淀—出水。工艺出水 Zn、Pb、Cd、As、Cu 等重金属离子指标符合《污水综合排放标准》（GB 8978—1996）一级标准。该技术具有能耗低、防钝化、适用水质范围宽的特点。

松柏渣场渗滤液处理示范工程于 2010 年 8 月开工建设，于 2011 年 2 月底完成了主体工艺单元的建设，2011 年 3 月开始调试运行。2011 年 11 月底完成了处理示范工程的全部建设工作。出水可用作工艺冷却水和厂区清洗水，年回用量可达 28800m³，节约水费 86400 元。

### 3.3.6　新型重金属在线监测技术工程案例

湘江是湖南省的一条主要水系，由于上游产业的关系，湘江流域重金属污染成了急需解决的问题，为确保湘江的饮用水安全及流域水质预警体系建设，由长沙市环境保护局出资，力合科技（湖南）股份有限公司承建，在湘江流域建设了长沙市二水厂、马家河、朱亭和草市镇水质自动监测站等示范工程，对流域内水质变化进行实时监视。将阳极溶出法和高精度进样技术相结合的锌、铅、镉、铜四位一体联测技术应用于自动监测站中。工程项目由取水单元、配水单元、在线监测仪器、控制系统、辅助系统、传输系统等单元组成。系统配备先进去预处理装置，可以满足各类复杂水样监测分析的需要，监测分析仪器具备在线消解功能、计量传感器自动校正功能、标样核查功能、仪器日志功能、校准功能、量程切换、自动报警功能。

工程以水样预处理体系、重金属监测、信息管理系统平台为核心建设，其中关键为重金属的监测能力建设。水质自动站基于电化学重金属的开发，有效解决了以下问题：（1）仪器检出限低，低于地表水Ⅰ类水水平，有效地保证了地表水的检测；（2）可有效反映水体水质变化趋势，摸清水质污染情况；（3）有效水质预警，为水质安全做好保证；（4）仪器稳定性好、故障率低、维护量少，大大提高环境的效率；（5）仪器试剂耗量少，且基本无毒，不造成二次污染。数据准确度高，与手工实验室数据比对良好，可有效确保监测质量。

湘江流域动态监测示范工程现场如图 3-22 所示。

图 3-22　湘江流域动态监测示范工程现场

# 4 有色金属冶炼行业水污染
# 全过程控制技术展望

## 4.1 行业未来水污染全过程控制技术发展趋势

环境是保证民族永续发展的根本大计，随着法律、法规及相关政策不断完善，行业环保要求不断提高，环境保护已成为有色金属冶炼产业发展的生命线。

我国有色金属（铜、铅、锌）产业结构逐步优化，科技创新取得进展，工信部《有色金属工业发展规划》（2016~2020 年）指出，我国先进铜、铅、锌冶炼产能分别占全国的 99%、80%、87%，转型升级稳步推进，取得高质量发展，如豫光金铅、株冶集团、驰宏锌锗、中金岭南、河池南方、云锡文山锌铟等顺利完成转型升级，建设升级了一批高端绿色智能制造铅锌基地。这不仅有利于增强行业抗风险能力，同时可以提高企业生产经济效益，改善企业环保压力。以铅冶炼为例，随着铅冶炼技术持续发展，新的炼铅技术富氧熔池熔炼持续迭代创新，短流程火法炼铅技术日益完善，逐步取代传统高污染、高能耗的烧结-鼓风炉炼铅技术，铅冶炼生产环境也得到大幅度改善。铅冶炼过程大多采用火法冶炼工艺，过程废水排放量少，冶炼污染物高度集中在污酸和尾气脱硫废水中，设备循环冷却水及锅炉排污污染含量少，其他少部分污染物通过扬尘及场地清洗进入综合废水中。

冶炼行业水污染控制技术的发展从单向治理发展到综合治理、循环利用，水循环利用率不断提高、废水中有价金属回收成效显著。如冶炼烟气洗涤污酸控制技术从最初的单一的中和沉淀法脱除重金属，发展到目前企业普遍采用的硫化—中和法、铁盐—中和法、铁盐—氧化—中和法组合工艺等，近两年推广比较成功的"有色金属冶炼烟气洗涤污酸废水治理技术"污酸新技术工艺在株冶实现了污酸废水零排放。冶炼过程水污染普遍存在废水处理难度大、运行成本高、过程产生的渣量大、渣处理处置困难、废渣在厂区长期堆存的现象。

随着有色行业污染防治和生态环境保护的需求愈加迫切，有色行业环保产业技术不断提高，新的环保技术开发、改造和推广力度会不断加大。根据有色（铜、铅、锌）冶炼行业水污染量和污染物特征情况，未来行业水污染控制技术发展趋势仍然是围绕如何改进水污染控制处理技术、提高处理效率、降低处理成本和能耗、减少过程产渣量的方向进行。具体可以分为以下几点。

冶炼企业排放的废水主要为生产废水，结合废水的来源及废水所含污染物的主要成分，冶炼企业废水污染控制技术发展趋势主要有源头削减、过程控制、末端治理三大方向。

### 4.1.1 源头减污

通过发展绿色冶炼技术、清洁生产工艺、建设绿色工厂、简化冶炼加工工艺流程，提高有价元素回收率和综合利用水平。革新冶炼设备技术，实现设备大型化、智能化、高度自动化，提高企业精细管理及操作水平，从源头上控制和减少污染物的产生。

#### 4.1.1.1 鼓励企业采用先进的、低污染的清洁生产工艺

淘汰落后的烧结-鼓风炉工艺，提升新工艺产能比例，如铅生产工艺有基夫赛特法（Kivcet）、水口山法（SKS）、铅富氧闪速熔炼法等。通过采用先进的、低污染的清洁生产工艺减少废水中污染物总量和废水总量，实现从源头削减污染。

采用直接浸出湿法炼锌工艺，与常规冶炼工艺相比，该法减少了火法工段，可避免焙烧烟气制酸产生的大量污酸，目前已有中金岭南丹霞冶炼厂、呼伦贝尔驰宏矿业等企业采用该工艺进行炼锌，不仅可以减少污酸的产生，还可将后续工艺的酸充分回用到浸出工段。

锌电解工序是污染物负荷最大的工序，锌电解工艺重金属废水智能化削减成套技术可削减电解出槽阴极板挟带液80%以上，硫酸锌结晶物去除率达98%以上，去除的硫酸锌结晶可全部回用于制液工段，削减电解车间清洗废水总量80%以上。经专家鉴定该技术已达国际领先水平。目前，该技术已在湖南省花垣县太丰冶炼有限责任公司、宁夏天元锰业有限公司等企业成功推广应用。

#### 4.1.1.2 采用合理先进的收尘技术、烟气净化技术，有效减少废水产出量

例如，云南某企业烟化炉烟气处理采用"烟化炉烟气→余热锅炉→表面冷却器→布袋收尘器→一级风机→动力波洗涤塔脱二氧化硫→100m 烟囱"替代原有的"烟化炉烟气→淋洗塔→沉降室→电收尘→一级风机→动力波洗涤塔脱二氧化硫→100m 烟囱"收尘工艺，不再产生高砷污水，每天可减少产生高砷污水 21 万立方米。又如许多铅冶炼企业烟气湿式净化采用"绝热蒸发稀酸冷却烟气净化技术"提高循环酸浓度，减少废酸排放量，降低新水消耗，达到源头削减的目的。

### 4.1.2 过程控制提高水循环利用率

企业产生的废水应分类收集、分质处理，实现清污分流、雨污分流。构筑"废水分级处理—分质回用"模式，废酸和含重金属废水处理后应优先回用，冲渣采用处理后废水，并实现循环利用，最大程度提高废水复用率，减少废水污染物排放量。

### 4.1.3 末端治理向工艺节水—分质回用—末端治理技术集成方向发展

"末端治理"往往并不能从根本上消除污染，而只是污染物在不同介质中的转移[73]，特别是有毒有害的物质，往往在新的介质中转化为新的污染物，形成"治不胜治"的恶性循环。为此，必须开展工艺节水、分质回用技术的研究[74]。

末端治理根据废水性质合理选取废水优势技术，加强开发先进废水处理工艺，降低处理成本及能耗，减少渣量。应通过研发先进的废水处理工艺，提高重金属污染物及氟氯元素的开路效率，降低吨水处理运行成本，尽可能实现有价金属、酸资源利用，降低危废渣的产生量，减少有价金属的损失。如污酸资源化技术、膜技术、重金属废水生物制剂深度处理与回用技术等。

## 4.2 行业水污染全过程控制技术路线图

### 4.2.1 发展目标

铜、铅、锌冶炼行业水污染控制主要体现在烟气洗涤过程产生的污酸废水和冶炼过程的综合废水治理。这两类型的废水占冶炼产生的废水总污染物量近98%以上，所以采用先进、稳定、经济、可行的水污染控制技术重点治理污酸和综合废水是末端重金属污染防治的有效途径。

坚持源头减量、过程控制、末端循环的理念，大幅提高工业用水重复利用率；推进污酸资源化回收，实现有价金属的回收和污酸浓缩回用，完成危险废物（中和渣）的大幅减量化；大力开展废水的深度处理工作，提高重金属废水深度处理的效率，高效去除废水中重金属离子，实现特别排放限值或超低排放限值的稳定达标排放。

### 4.2.2 水污染全过程控制策略

根据全生命周期的冶炼行业水污染全过程控制方案和各单项关键技术的发展状况，绘制了冶炼行业水污染全过程控制路线图，如图4-1所示。重点从横向的时间节点上梳理分析全过程控制方案实施进度及方案，从纵向的技术层上提出了清洁生产技术、废弃物资源化技术、深度处理与回用技术的全过程控制策略。

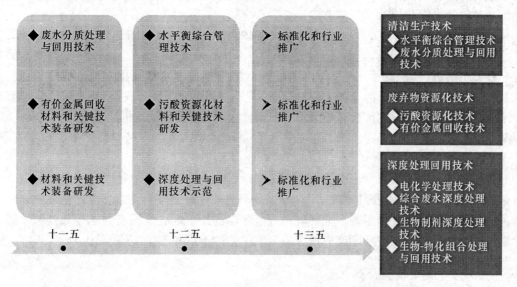

图4-1 行业水污染控制技术发展路线

国家有关部门制定了相关法规和指导文件，引导企业提升清洁生产水平。如工业和信息化部 2016 年发布的《有色金属工业发展规划（2016~2020 年）》，在"十三五"期间要求重点推广重金属废水生物制剂法深度处理与回用技术、黄金冶炼氰化废水无害化处理技术、采矿废水生物制剂协同氧化深度处理与回用技术等。冶炼企业要实现雨污分流、清污分流，加强废水深度处理和中水回用技术改造，降低水耗。

"十三五"期间，铜、铅、锌冶炼行业水污染全过程控制技术体系形成，以支撑技术、技术设备、支撑材料为单位，构成单项支撑技术，产生了多项关键技术，并突破了锌电解工艺重金属废水智能化削减成套技术，开展了污酸资源化关键技术、重金属废水生物制剂深度处理等关键技术评估，初步形成铜、铅、锌冶炼行业水污染控制的整套技术，面向所有涉重金属冶炼企业进行行业内推广工作。

在单项关键技术开发、关键技术集成优化、成套技术标准化及行业推广的不同发展阶段中，处理成本、节水和污染物排放始终贯穿其中。这是冶炼行业水污染控制成效的三大重要指标，也是判断技术先进性、经济性、实用性的合理依据。通过三个不同阶段的技术开发和集成工程，稳步降低冶炼行业水污染治理成本、逐步提高企业节水能力、有效控制企业污染物排放总量，使冶炼企业节水减排、健康发展。

## 4.3　行业水污染全过程控制技术发展策略

### 4.3.1　加大源头污染物削减控制力度

#### 4.3.1.1　减少原料依存度，淘汰落后产能，集中管理污染源

我国有色金属资源对外依存度非常高，如铅锌原料约 30% 以上依靠进口，须严格把关铅冶炼原料进口标准要求，减少高杂质、高有害元素的铅精矿进口，从源头上控制污染物的引入。以资源综合利用为出发点，以技术创新为手段，升级改造产业，发展循环经济，促进重金属污染综合防治。

加强落实《产业结构调整指导目录》（2019 年），严格执行冶炼行业准入条件和相关有色金属产品能耗限额标准，注重产能过剩行业的限制和引导，淘汰行业能耗高、污染重、环境负荷大的落后生产工艺。开展有色金属冶炼行业重金属污染防治的战略研究，重点推行先进成熟技术和清洁生产工艺，配套环保设施升级改造、全过程环境风险防控管理和建设保障。实施强制性推行有色冶炼行业清洁生产审核计划，全面促进清洁生产与全过程节能减排；建立完善的有色冶炼行业技术政策与标准体系，促进科技进步与自主创新，提升节能减排技术水平。

提高冶炼企业的集中度，打造有色冶炼基地，实施污染源集中管理和控制；加强重点污染源的监控；重点污染源应按照《污染源自动监控管理办法》安装污染物排放连续监控设备及其配套设施，符合相关标准要求；规范和监督铅冶炼危险固废的堆存和处置，安全合理处置危险固废，同时鼓励产渣量少的废水工艺的推广和实施。

#### 4.3.1.2　建设智能冶炼工厂

随着互联网技术迅猛发展，未来互联网与传统制造业的结合成为必然趋势，建设有色

金属行业智能冶炼工厂成为可能。通过"互联网+有色冶炼"紧密结合,加大有色冶炼技术改造和设备更新,结合互联网技术、企业积累的数据,提高冶炼过程操作精细度和工作效率,提高有价金属回收率和产品质量,加强污染物控制力度,降低"工业三废"的产生量。切实响应国家相关部门关于"加快 5G 商用步伐,加强人工智能、工业互联网、物联网等新型基础设施建设"的工作部署,按照《国家智能制造标准体系建设指南》的总体要求,推进有色金属企业智能升级。

### 4.3.2 研发水污染防治清洁技术

#### 4.3.2.1 行业关键共性技术研发

行业关键共性技术的研发,对于解决行业技术瓶颈、提升行业核心竞争力、增强企业自主创新能力有重大促进意义。我国清洁冶炼技术整体水平与国外差距较大,未来铅锌冶炼关键共性技术研发可重点围绕以下几方面开展:

(1)锌冶炼渣绿色化升级改造与资源综合利用项目。以解决锌浸出渣挥发窑处理的不足作为切入点,大力推进铅、锌联合冶炼,使"三废"排放最小化,实现有价金属元素资源的循环利用,氟氯资源产品化,达到铅锌清洁生产的目标。

(2)水资源及能源循环利用。以废水回用与零排放为核心,构筑"废水分级处理—分质回用"模式,实现水资源全量循环利用的目标。以余热发电工程为支撑点,提升能源管理水平,节能降耗,实现能源循环利用的目标。

(3)基夫赛特闪速熔炼清洁工艺处理炼锌渣。基夫赛特工艺技术在处理锌浸出渣中具有优势,是炼锌渣无害化与资源化处理的有效途径之一。废渣中铅、铜、银等进入粗铅,锌、镉、铟等进入氧化锌烟尘,硫形成 $SO_2$ 进入烟气送制酸系统。废渣中的锌、铅、铜、银、镉、硫等有价元素全部得到回收。渣处理系统产出的氧化锌烟尘采用多膛炉脱氟氯后送锌系统,利用锌系统现有的综合回收车间回收其中的 Zn、Cd、In 等。在解决炼锌渣无害化处置的同时,回收了有价金属,经济和环境效益显著。

(4)氟氯资源产品化。F、Cl 等阴离子在系统内的累积不仅影响冶炼装备,同时也会恶化电解等工艺条件。研究和改进 F、Cl 开路问题,开发催化碳酸化等资源化与高值化技术,进一步提高 F、Cl 的处置效率,以实现产品化的资源化,是实现水污染全过程控制的重点任务和亟待解决的重点。

#### 4.3.2.2 先进水污染防治新技术和装备研发

根据行业目前污染治理可行技术措施,铜铅锌冶炼行业废水基本可以实现生产废水处理后全部回用,不外排。在环保压力日趋严格的形式下,许多冶炼企业原有环保装备已无法满足要求。为推进重金属污染防治技术产业化、市场化,满足国家环保要求及企业环保需求,应结合水防治全过程控制和末端处理,根据"铅锌冶炼工业污染防治技术政策"要求,继续加强全过程控制技术,鼓励研发末端治理资源化新技术及装备。研发应用低成本、产渣量少的末端水污染治理新技术,有效控制污染发生。通过集中企业和环保公司技术中坚力量,并联合高校等相关科研机构,针对工艺升级改造原有环保装备,研发新型配套环保装备，重点突破低浓度 $SO_2$、VOCs、汞等工业烟气、污酸资源化和无害化等治理装备。通过环保装备，以废水回用与零排放为核心，构筑"废水分级处理—分质回用"模式，实现水资源全量循环利用的目标。

（1）污酸废水无害化与资源化技术。进一步提升污酸有价金属回收和资源化技术水平，提高资源化利用效率，研发冶炼废水高效去除复杂多金属废水的深度处理技术，先进预处理与膜过滤、蒸发结晶的"零排放"优秀集成技术和成套技术装置等。

（2）重点开展污染物深度处理与水回用技术研发，例如重金属废水深度处理回用技术和废水脱盐与回用技术。

（3）有色工业综合节水管理技术。进一步开展废水智能化调配技术开发，包括净循环水和浊循环水梯级利用，重金属废水深度处理及脱盐后回用，循环水水质稳定后循环使用。通过系统工程理论和清洁生产审核方法构建冶炼企业"用水—回水—排水"节水途径和最佳方案，包括主要污染源清单分析、污染物系统优化调控、节水治污优化集成技术（即优化管理技术—处理技术—回用技术的全过程系统）、工程措施和方案，以及对工程实施后效果的技术、经济和工程质量等进行系统评价。

### 4.3.3　完善环境管理体系

#### 4.3.3.1　完善生态环境法律法规及政策体系

当前，我国环保行业规模相对较小，伴随着环保产业上升至国家战略产业，整个行业规模必将大幅度提高。2015 年，我国环保投资占 GDP 的比重仅为 1.30%，和发达国家平均占比 2.5% 还有很大差距。因此，我国环保行业发展仍有巨大的提升空间。若以 2017 年我国 GDP 827122 亿元计算，全社会环保投资提升 1 个百分点将增加投资 8200 亿元。随着行业规模的不断扩大，相应在技术研发、技术集成、环保装备研制等方面的投入和产出也将随之增大，环保企业规模也会增大，可将大小环保企业进行合并，使相应技术得到集中，多方面考虑和解决行业水污染控制问题。2018 年 3 月 5 日，十二届全国人大常委会副委员长向十三届全国人大一次会议作关于《中华人民共和国宪法修正案（草案）》的说明。将"生态文明"写入宪法，为下一步制定更为具体有效的生态法规提供了根本法律保障，意味着整个环保产业上升至国家战略产业有了重要的法律依据，环保产业的地位也将获得空前提升，为整个行业带来变化。行业政策将持续不断获得倾斜。"生态文明"写入宪法后，后续环保行业立法随之进行调整，其重要性不言而喻，更多的产业政策逐步向环保行业倾斜。2020 年，中共中央办公厅、国务院办公厅印发《关于构建现代环境治理体系的指导意见》，该意见从健全环境治理法律法规政策体系出发，提出了"制定修订固体废物污染防治、长江保护、海洋环境保护、生态环境监测、环境影响评价、清洁生产、循环经济等方面的法律法规。严格执法，对造成生态环境损害的，依法依规追究赔偿责任；对构成犯罪的，依法追究刑事责任"等内容，随着政策法规的逐步完善，整个行业将形成良性发展的格局。

#### 4.3.3.2　制定行业污染控制新标准

2017 年以来，国家相关部门不断发布大气、水、土壤的污染防治工作方案，明确提出执行特别排放限值，各地方在不同区域内开始实施特别排放限值，未来也将逐步成为趋势。根据国家环保要求与行业发展特征，我国标准修订工作一直在大力推进，2020年，《铅、锌工业污染物排放标准》（GB 25466—2010）修改单征求意见稿新增了总铊排放限值要求，总铊的排放限值确定为5μg/L。每次颁布新标准，对于企业而言都是一场环保革命，通过标准限制，严格实施和监督，倒逼企业提升环境治理技术水平，研发自主创新技术和产品，推动企业绿色转型升级、技术研发升级，对行业更是提出了高质量发展要求，有利于引导有色行业重金属废水污染防治水平持续提升。

### 4.3.4 加强督查监管政策执行

建立重点地区和流域环境质量监测预警体系和事故应急体系及群众投诉快速反应系统，编制和实施应急预案，提高监管执法能力。

环境保护督查是近几年来环保一项重大制度安排。2015年至今，环保风暴已经无死角覆盖31个省份，对于企业而言，环保不达标，就会被责令停产或关闭。这不仅有利于我国环保产业的发展，也有利于环保技术的开发、推广与利用。

我国铜铅锌产业管理进入日趋规范的阶段。自2007年《铅锌行业准入条件》公告，到《铅锌行业规范条件》（2015）的发布，10余年间，铅锌行业共有5座矿山、13家铅冶炼、14家锌冶炼成为规范企业，实现规范铅冶炼产能占比39%，规范锌冶炼产能占比35%；规范企业的示范引领效果，对促进铅锌工业技术进步、装备提升起到了良好的示范效应，行业企业集中度正在稳步提升。铅锌采选规模以上企业数量已由2015年的491家下降至2019年的328家，铅锌冶炼规模以上企业数量由2015年的365家下降至2019年的267家。

2019年9月，工信部正式发布《铜冶炼行业规范条件》（2019），同时为进一步加快铅锌产业转型升级，促进铅锌行业技术进步、行业高质量发展，工信部于2019年组织行业协会对《铅锌行业规范条件》（2015）进行新一轮修订，并于2020年2月发布新规范条件，新规范条件自2020年3月30日起施行，2015年3月公布的《铅锌行业规范条件》同时废止。新规范条件不再区分新、老企业，所有规范企业均需按照统一标准，进行申报；规范涉及的相关指标有所提升，且对废水处理、危废处置、资源综合循环利用等提出新的要求。

### 4.3.5 以污染防治技术评估，支撑解决成果转化瓶颈

我国大量专利技术等创新科研技术成果在市场化应用、产业化推广中，亟须技术成果评价，一方面为创新主体提供科学权威的技术评估评价，挖掘可优化的研发方向；另一方面也为成果用户明确应用条件、技术优势与短板。应基于目前已成功开发的各类水污染治理技术评估系统，整合运用智能信息技术，建立科学、规范、标准、权威的污染防治技术遴选机制，利用智能化先进技术评估软件，开发更多共享使用平台，吸收集中多渠道科技成果资源，以提高技术评估服务水平，强化业务服务运行管理，加大成果推介力度，提高科技服务水平，打好污染防治攻坚战。

**4.3.6　技术创新投入与红利产出的绿色循环**

当前亟须解决水污染控制技术瓶颈，但同时需要加大技术创新研发投入，政府政策支持与财政补贴，缩小区域差距，重点支持成熟的节能减排关键、共性技术与装备产业化示范及应用。应鼓励推广应用国家鼓励发展的环境保护技术、国家先进污染防治示范技术、行业污染防治最佳可行技术，促进企业在重金属污染控制及治理方面的积极性，提高污染治理水平。应引导企业整合优势资源，推动产学研合作、联合攻关，推动污染防治新技术、绿色功能材料的研究和开发，支撑环保高效治理，构建水、气、渣协同治理，使环境保护、资源综合利用、高新材料等协同发展，形成技术创新投入与红利产出的绿色循环模式。

# 参 考 文 献

[1] 国家统计局. 2019 年 12 月份规模以上工业增加值增长 6.9% 〔DB/OL〕. http：//www.stats.gov.cn/ tjsj/zxfb/202001/t20200117_ 1723387.html/，2020-01-17.

[2] 杨晓松，等. 有色金属冶炼重点行业重金属污染控制与管理 [M]. 北京：中国环境出版社，2014.

[3] 唐尊球. 铜 PS 转炉与闪速吹炼技术比较 [J]. 有色金属（冶炼部分），2003（1）：9-11.

[4] 李卫民. 铜吹炼技术的进展 [J]. 云南冶金，2008，37（5）：25-28.

[5] 周松林. 低碳铜冶炼工艺技术研究与应用 [J]. 重金属冶金，2010，8（4）：1-4.

[6] 姚素平. "双闪"铜冶炼工艺在中国的优化和改进 [J]. 有色金属（冶炼部分），2008（6）：9-11.

[7] 吕高平，贺晓红. 金昌冶炼厂奥斯麦特熔炼技术的改进与完善 [C] //中国有色金属学会第六届学术年会论文集，2005.

[8] 刘维. MACA 体系中处理低品位氧化铜矿的基础理论和工艺研究 [D]. 长沙：中南大学，2010.

[9] 戴自希，盛继福，白冶，等. 世界铅锌资源的分布与潜力 [M]. 北京：地震出版社，2005.

[10] 殷勤生，于建忠，鲁兴武. 火法炼锌伴生元素分布及综合回收分析 [J]. 中国有色冶金，2018（1）：34-38.

[11] 马荣骏. 热酸浸出针铁矿除铁湿法炼锌中萃取法回收铟 [J]. 湿法冶金，1997，62（2）：58-61.

[12] 李东波，蒋继穆. 国内外锌冶炼技术现状和发展趋势 [J]. 中国金属通报，2015（6）：44-46.

[13] 王绍文，邹元龙，杨晓莉，等. 冶金工业废水处理技术及工程实例 [M]. 北京：化学工业出版社，2009.

[14] 闵小波，邵立南，周萍，等. 有色冶炼砷污染源解析及废物控制 [M]. 北京：科学出版社，2017.

[15] 饶剑锋，夏安林. 有色冶炼企业工业废水减排措施探讨 [J]. 有色冶金设计与研究，2018，39（1）：14-16.

[16] 刘祖，张变革，曹龙文，等. 大冶有色冶炼厂废水减排与提标技改实践 [C] //"浙江南化杯"第38 届中国硫与硫酸技术年会论文集，2018.

[17] 袁鑫华. 贵溪冶炼厂闪速炉用水的改造及生产实践 [J]. 铜业工程，2017（6）：56-58.

[18] 张志军. 江西铜业股份有限公司贵溪冶炼厂节水减排及废水综合治理改造 [D]. 南昌：南昌大学，2013.

[19] 汪恭二，唐文忠，藏柯柯，等. 冶炼厂废水处理及梯级回用措施探析 [J]. 硫酸工业，2019（7）：7-10.

[20] 赵凌波，夏传，李绪忠. 铜冶炼厂废水综合治理的工程实践 [J]. 硫酸工业，2019（5）：23-26.

[21] 张洪常，李鹏，张均杰，等. 铜冶炼生产废水的综合利用 [J]. 中国有色冶金，2010（4）：40-42，48.

[22] 顾瑞，刘锐. 电化学在铜冶炼废水处理中的应用与实践 [J]. 铜业工程，2018（4）：64-66.

[23] 明亮. 反渗透工艺对铜冶炼废水的回用处理 [J]. 中国金属通报，2017（11）：111-112.

[24] 寇安民，张文红，等. 硫酸生产酸性废水电化学法处理生产实践 [C] //"江苏永纪杯"第37 届中国硫与硫酸技术年会论文集，2017.

[25] 杨洪才，唐都作，顾林. 浅析云锡铜业分公司废酸废水治理工艺 [J]. 中国有色冶金，2016（2）：52-54.

[26] 刘祖鹏，张变革，曹龙文. 生物制剂法处理铜冶炼重金属废水的研究与应用 [J]. 硫酸工业，2016（1）：50-52.

[27] 肖莹莹. 铜冶炼企业综合废水回用技术的研究 [D]. 武汉：中南民族大学，2012.

[28] 张宝辉. 铜冶炼污酸处理工艺及污酸减量化探讨与实践 [J]. 中国金属通报，2016（12）：83-85.

[29] 冯杰，倪建华．污酸浓缩及脱氟氯工艺新技术探讨 [J]．硫酸工业，2017 (9)：18-20.

[30] 盛叶彬．污酸污水处理系统改造 [C] //2012 年全国硫酸工业技术交流会论文集，2012.

[31] 陈鑫，李文勇，李海峰，等．冶炼烟气制酸净化污酸分段脱铜脱砷技术改造 [J]．硫酸工业，2019 (4)：27-29.

[32] 陈雄．冶炼烟气制酸污酸处理技术研究 [J]．科技创新与应用，2015 (7)：25-26.

[33] 曲云欢，李小丁，李光辉．面向未来的水安全与可持续发展 [C] //第十四届中国水论坛论文集，2016.

[34] 李清源．矿铜冶炼工厂重金属废水零排放技术路线 [J]．城市建设理论研究，2013 (7)：1-4.

[35] 陈科余．浅谈铜冶炼系统酸性废水处理和利用 [J]．化工管理，2013 (10)：99.

[36] 龙大祥．铜冶炼含砷污水处理 [J]．工业用水与废水处理，2000，31 (4)：30-32.

[37] 王庆伟．铅锌冶炼烟气洗涤含汞污酸生物制剂法处理新工艺研究 [D]．长沙：中南大学，2011.

[38] 黎明．中和铁盐污染处理高砷污酸废水 [J]．有色冶炼，2000，29 (3)：24-26.

[39] 李亚林，黄羽，杜冬云．利用硫化亚铁从污酸废水中回收砷 [J]．化工学报，2008，59 (5)：1294-1298.

[40] 蒋剑虹，曾光明，张盼月，等．锌冶炼厂重金属废水处理试验研究 [J]．工业水处理，2005，25 (11)：44-46.

[41] 瞿建国，张晓旗，夏曙演．高浓度酸性含铁废水处理的试验研究 [J]．上海环境科学，2001，20 (9)：441-443.

[42] 张学洪，许立巍，朱义年．石灰石和方解厂预处理酸性含氟废水的试验研究 [J]．矿冶工程，2005，25 (2)：49-51.

[43] 李争流，曾光明，李倩．有色金属矿山坑道酸性废水的处理及综合利用研究 [J]．湖南大学学报 (自然科学版)，2003，30 (6)：78-81.

[44] 张平民．工科大学化学 (上册) [M]．长沙：湖南教育出版社，2002.

[45] 《铅锌冶金学》编委会．铅锌冶金学 [M]．北京：科学出版社，2003.

[46] 邵立南，杨晓松．有色金属冶炼污酸处理技术现状及发展趋势 [C]．有色金属矿山高层论坛，2015.

[47] 杨爱江，陈勤怡．锌业态焙烧烟气制酸废水治理 [J]．贵州化工，2005，30 (4)：31-32.

[48] 杨晓松，刘峰彪．高密度泥浆法处理矿山酸性废水 [J]．有色金属，2005 (4)：97-98.

[49] 北京矿冶研究总院．高密度泥浆法处理新桥矿酸性废水试验研究报告 [R]．2006.

[50] 杨晶．导排技术治理地下水点源污染研究 [D]．长沙：中南林业科技大学，2016.

[51] 田文增，陈白珍，仇勇海．有色冶金工业含砷物料的处理及利用现状 [J]．湖南有色金属，2001，20 (6)：12-13.

[52] 柴立元，李青竹，李密，等．锌冶炼污染物减排与治理技术及理论基础研究进展 [J]．有色金属科学与工程，2013，4 (4)：1-10.

[53] 柴立元，王庆伟，王云燕，等．高浓度重金属废水生物制剂深度净化新工艺研究 [C] //国家水体污染控制与治理科技重大专项河流重金属污染控制技术交流会论文集，长沙，2012.

[54] 中国工程建设标准化协会．CECS92：2016 重金属污水处理设计标准．北京：中国计划出版社，2016.

[55] 余泽平，叶庆龙，陈晶晶，等．一种废水处理系统：CN201821645871.9 [P]．2019-07-09.

[56] 何睦盈，方晓波，胥娟．离子膜烧碱淡盐水回收利用技术 [J]．广州化工，2013，41 (17)：188-189.

[57] 冯雅萌．高盐废水电渗析盐浓缩与有机物分离技术研究 [D]．北京：中国科学院生态环境研究中心，2018.

[58] Devi A, Gupta R, et al. A study on treatment methods of spent pickling liquor generated by pickling process of steel [J]. Clean Technologies & Environmental Policy, 2014: 1-13.

[59] 张鲜苗, 刘俊彤. 集成膜技术处理重金属废水 [C] //2016 全国稀土冶炼与环保保护技术交流会, 2016.

[60] 卜云云. 有色金属冶炼污酸回收工艺研究 [D]. 河北: 河北工程大学, 2018.

[61] 王延军. 一种含铊废水处理装置: CN201520495090.6. [P]. 2015-07-09.

[62] 陈灿, 马超, 訾培建. 湘江水环境重金属仿真模拟系统研究 [C] //国家水体污染控制与治理科技重大专项河流重金属污染控制技术交流会论文集, 2012.

[63] 刘艾琼. ZY 铅锌冶炼企业循环经济发展模式及竞争优势分析 [D]. 四川: 电子科技大学, 2010.

[64] 朱北平, 林文军, 等. 一种富含亚铁的氧化锌酸上清的萃取提钢方法: CN201210589311.7 [P]. 2013-03-20.

[65] 李若贵. 株冶常压富氧直接浸出搭配锌浸出渣炼锌 [J]. 中国有色冶金, 2011 (3): 3-4.

[66] 段宁, 降林华, 徐夫元. 一种锌电解过程重金属水污染物源削减成套技术方法: CN201510594575.5 [P]. 2017-08-29.

[67] 刘晓星. 从末端治理到全过程管控, 以市场化手段优化资源配置 传统制造业要植入绿色基因 [N]. 中国环境报, 2016-10-13 (10).

[68] 邢飞龙. 重金属污染防治共性关键技术获多项突破 企业治污渐成趋势 [N]. 中国环境报, 2016-06-28 (11).

[69] 刘德明, 李红. 氧化铝生产中旋流器的选取与应用 [J]. 有色冶金节能, 2012, 28 (5).

[70] 刘湛, 向仁军, 漆燕. 湖南省重金属污染治理关键技术研究与应用 [C]. 2010 重金属污染综合防治技术研讨会, 2010.

[71] 王忠实. 锌冶炼技术发展现状综述 [C] //中国有色金属学会第七届学术年会 2008 中国国际矿业大会, 2008.

[72] 邵立南, 杨晓松. 我国矿山酸性废水处理的研究现状和发展趋势 [C] //中国有色金属学会第八届学术年会论文集, 2010.

[73] 林星杰, 杨晓松, 汪靖. 我国铅冶炼行业现状及污染防治趋势分析 [C] //2010 重金属污染综合防治技术研讨会论文集, 2010.

[74] 邵立南, 杨晓松. 有色金属冶炼污酸处理技术现状及发展趋势 [J]. 有色金属工程, 2013 (6): 59-60.